다상 유체 유동에 대한 상태장 모델링과 멀티그리드 수치기법

이 책의 저작권은 지오북스에 있으며, 무단 전제, 복제는 저작권법에 저촉됩니다.

다상 유체 유동에 대한 상태장 모델링과 멀티그리드 수치기법

인 쇄	2023년 2월 9일
발 행	2023년 2월 28일
저 자	곽수빈, 강승윤, 황영진, 함석준, 이경규, 최용호, 김준석
출 판 사	지오북스
주 소	경기도 파주시 상골길 339 고려출판물류(內) 지오북스
대표전화	(02) 381-0706
팩 스	(02) 371-0706
홈페이지	http://geobooks.com
E-mail	emotion-books@naver.com
ISBN	979-11-91346-57-2
정 가	22,000 원

머리말

이 책은 전산유체역학(Computational fluid dynamics, CFD)을 다루고 있습니다. 특히 서로 섞이지 않는 2상 유체유동(Two-phase fluid flow)에 대해서 칸-힐리아드 방정식(Cahn-Hilliard equation)을 이용한 방법론의 자세한 설명과 기본 멀티그리드 방법(Multigrid method) 알고리즘 설명을 자세하게 기술하였으며, 이를 구현하는 C코드를 덧붙여 수치시뮬레이션을 할 수 있도록 구성하였습니다. 멀티그리드 방법은 이산 방정식을 푸는 효율적이며 정확한 기법이지만 한글로 된 해설서가 거의 없는 상태여서 이 책에서 자세하게 설명하고자 합니다. 멀티그리드 방법은 강력한 수치 계산 방법이므로 다른 응용문제를 해결하는데에도 적용 가능합니다. 코드 작성은 최적화보다는 프로그램의 이해를 높이는 방향으로 자세하게 기술해놓았습니다. 이 책에 기여해주신 모든 분들에게 감사의 인사를 전합니다. 이 책은 4단계 BK21의 지원을 받아서 집필되었습니다. 이 책에서 사용한 모든 코드는 저자 홈페이지에서 내려받기하실 수 있습니다.

https://mathematicians.korea.ac.kr/cfdkim/open-source-codes/

프로그램 소스 파일을 내려받는 데 어려움이 있거나 책 내용에 대해서 문의 사항이 있을 경우는 이메일 (김준석 교수 cfdkim@korea.ac.kr)로 연락해주세요.

차 례

제 1 장   멀티그리드 방법(Multigrid method)   **9**
  제 1 절   선형 멀티그리드 방법 9
      1.1   열 방정식 10
      1.2   테일러 정리 10
      1.3   이산화 11
      1.4   가우스-세이델 방법을 사용하여 열 방정식 풀기 12
      1.5   가우스-세이델 방법을 사용하여 열 방정식을 푸는 C 코
           드와 후처리 MATLAB 코드 14
      1.6   선형 멀티그리드 V-사이클 알고리즘 21
      1.7   수치 실험 25
      1.8   C 코드와 후처리 MATLAB 코드 25
      1.9   재귀함수(recursive function) 35
  제 2 절   비선형 멀티그리드 방법 36
      2.1   알렌-칸 방정식 36
      2.2   수치 실험 40

제 2 장   나비어-스톡스 방정식(Navier-Stokes equation)   **51**
  제 1 절   나비어-스톡스 방정식의 유도과정 51
      1.1   나비어-스톡스 방정식의 무차원화 55

제 3 장   2차원 나비어-스톡스 방정식(Navier-Stokes equation)   **57**
  제 1 절   나비어-스톡스 방정식 57

1.1	나비어-스톡스 방정식 수치 계산	58
1.2	Helmholtz-Hodge 분해의 유일성	62
1.3	선형 멀티그리드 V-사이클 알고리즘	63
1.4	안정조건	67
1.4.1	2차원 덮개-구동 캐비티 유동(lid-driven cavity flow)	68

제 4 장   3차원 나비어-스톡스 방정식(Navier-Stokes equation)   85

제 1 절   3차원 나비어-스톡스 방정식 85
   1.1   나비어-스톡스 수치 계산 85
   1.2   선형 멀티그리드 V-사이클 알고리즘 89
   1.3   안정조건 91
      1.3.1   3차원 덮개-구동 캐비티 유동 91

제 5 장   2차원 칸-힐리아드 방정식(Cahn-Hilliard equation)   115

제 1 절   2차원 칸-힐리아드 방정식 115
제 2 절   수치 해법 117
   2.1   이산화 117
   2.2   멀티그리드 V-사이클 알고리즘 120
      2.2.1   칸-힐리아드 방정식에 대한 추가적인 방법 124
   2.3   수치 시뮬레이션 124
   2.4   총 에너지 감소와 총 상태장 보존 125

제 6 장   3차원 칸-힐리아드 방정식(Cahn-Hilliard equation)   141

제 1 절   3차원 칸-힐리아드 방정식 141
   1.1   이산화 142
   1.2   멀티그리드 V-사이클 알고리즘 142
   1.3   수치 시뮬레이션 146
   1.4   총 에너지 감소와 총 상태장 보존 146

제 7 장   2차원 나비어-스톡스-칸-힐리아드 방정식(Navier-Stokes-Cahn-Hilliard equation)   165

제 1 절   지배 방정식 165
제 2 절   수치해법 166

차 례

    제 3 절   수치 실험 170
        3.1   압력 점프(pressure jump) 170
        3.2   덮개-구동 캐비티 유동에 의한 2차원 방울 171
        3.3   C 코드와 후처리 MATLAB 코드 173

제 8 장   3차원 나비어-스톡스-칸-힐리아드 방정식(Navier-Stokes-Cahn-Hilliard equation)   **203**

    제 1 절   지배 방정식 203
    제 2 절   수치해법 204
    제 3 절   수치 실험 208
        3.1   압력 차이 208
        3.2   3차원 방울의 덮개-구동 캐비티 유동 209
        3.3   C 코드와 후처리 MATLAB 코드 210

1장

멀티그리드 방법(Multigrid method)

1장에서는 확산방정식을 풀기위한 선형 멀티그리드(linear multigrid) 방법과 비선형 방정식을 풀기 위한 비선형 멀티그리드(nonlinear multigrid) 방법을 소개합니다. 투영법(projection method) [8]을 사용한 나비어-스톡스(Narvier-Stokes) 방정식을 풀기 위해 선형 방정식인 푸아송 방정식을 해결해야 하고 Eyre의 무조건 기울기 안정성 방법(unconditionally gradient stable scheme)을 사용한 칸-힐리아드(Cahn-Hilliard) 방정식을 풀 때는 비선형 방정식을 해결해야 합니다. 선형 멀티그리드 방법과 비선형 멀티그리드 방법을 쉽게 이해하기 위해, 선형 방정식인 간단한 1차원 확산 방정식과 칸-힐리아드 방정식보다 단순한 비선형 방정식인 알렌-칸(Allen-Cahn) 방정식을 1차원에서 고려합니다. 본 책에서는 멀티그리드 방법에 대한 설명을 위해 참고문헌 [6]과 [38]를 참고하였습니다. 좀 더 자세한 설명과 예제는 참고문헌 [6, 38]를 참조해주시길 바랍니다.

제 1 절   선형 멀티그리드 방법

선형 편미분 방정식을 풀기 위한 수치기법 중 하나인 선형 멀티그리드 방법을 소개합니다.

1.1 열 방정식

단위 영역에서 제로 노이만 경계조건을 갖는 간단한 확산 방정식인 1차원 열 방정식을 고려합니다.

$$u_t(x,t) = u_{xx}(x,t), \quad x \in \Omega = (0,1),\ t > 0, \qquad (1.1)$$
$$u_x(0,t) = u_x(1,t) = 0,$$

여기서 $u(x,t)$는 온도, x는 공간 변수, t는 시간 변수, u_t, u_x는 각각 시간과 공간에 대한 편도함수, u_{xx}는 공간에 대한 2계 편도함수, Ω는 공간 단위 영역입니다. $u(x,0)$를 초기조건이라고 합니다.

1.2 테일러 정리

열 방정식을 이산 문제로 변환하기 위하여 테일러 정리를 소개합니다. 고정된 시간 t에 대하여 $u(x,t)$는 x에 대한 1변수 함수가 되는데, 이 1변수 함수 $u(x,t)$가 Ω에서 $(n+1)$번 미분 가능하면 임의의 점 $x-h, x, x+h \in \Omega$에 대한 k차 테일러 정리는 다음과 같습니다.

$$u(x+h,t) = u(x,t) + u_x(x,t)h + \frac{u_{xx}(x,t)}{2!}h^2 + \frac{u_{xxx}(x,t)}{3!}h^3 + \cdots \qquad (1.2)$$
$$+ \frac{h^k}{k!}\frac{\partial^k u(x,t)}{\partial x^k} + \frac{1}{k!}\int_x^{x+h}(x-\tau)^k \frac{\partial^{k+1}u(\tau,t)}{\partial \tau^{k+1}}d\tau.$$

여기서 $\partial^k u(x,t)/\partial x^k$는 u를 x에 대해 k번 편미분한 것입니다. 위 식을 $u_x(x,t)$에 대하여 정리하면 공간에 대한 1차 미분의 차분식을 다음과 같이 얻을 수 있고 이 방법을 전방 차분법이라 합니다.

$$u_x(x,t) = \frac{u(x+h,t) - u(x,t)}{h} + O(h). \qquad (1.3)$$

그리고 (1.2) 식에서 h대신 $-h$를 대입하면 다음과 같은 식을 얻습니다.

$$u(x-h,t) = u(x,t) - u_x(x,t)h + \frac{u_{xx}(x,t)}{2!}h^2 - \frac{u_{xxx}(x,t)}{3!}h^3 + \cdots. \qquad (1.4)$$

제 1 절 선형 멀티그리드 방법

전방 차분법과 마찬가지로 (1.4) 식을 $u_x(x,t)$에 대하여 정리하면 공간에 대한 1차 미분의 차분식을 다음과 같이 얻을 수 있고 이 방법을 후방 차분법이라 합니다.

$$u_x(x,t) = \frac{u(x,t) - u(x-h,t)}{h} + O(h). \tag{1.5}$$

다음으로, (1.2) 식에서 (1.4) 식을 빼고 $u_x(x,t)$에 대하여 정리하면 다음과 같은 식을 얻을 수 있고 이 방법은 중앙 차분법이라 합니다.

$$u_x(x,t) = \frac{u(x+h,t) - u(x-h,t)}{2h} + O(h^2). \tag{1.6}$$

마지막으로, (1.2) 식과 (1.4) 식을 더하고 $u_{xx}(x,t)$에 대하여 정리하면 다음과 같은 공간에 대한 2차 미분의 차분식을 얻을 수 있습니다.

$$u_{xx}(x,t) = \frac{u(x+h,t) - 2u(x,t) + u(x-h,t)}{h^2} + O(h^2). \tag{1.7}$$

유사한 방법으로, 시간에 대하여 전방 차분법을 사용하면 임의의 $t > 0$에 대하여 미분 $u_t(x,t)$를 다음과 같이 표현할 수 있습니다.

$$u_t(x,t) = \frac{u(x,t+\Delta t) - u(x,t)}{\Delta t} + O(\Delta t). \tag{1.8}$$

1.3 이산화

수치해석에서는 연속적인 문제를 이산적인 문제로 변환하는 과정을 이산화라고 합니다 [14]. (1.1) 식에 대하여 N_x를 공간 노드 총 개수, $h = 1/N_x$를 공간 격자 크기, N_t를 전체 시간 노드 총 개수, Δt를 시간 단계 크기라 하면 시간에 대하여 $t = n\Delta t$, $n = 0, 1, \ldots, N_t$로 나타낼 수 있고, 공간에 대하여 $x = (i-0.5)h$, $i = 1, 2, \ldots, N_x$로 이산화 할 수 있습니다. 그러면 변수 $u(x,t)$는 $u_i^n = u((i-0.5)h, n\Delta t)$로 이산화 됩니다. (1.1) 식을 시간과 공간에 대하여 각각 전방 차분법과 중앙 차분법을 사용하고 함축적 이산화 하면 다음과 같은 식을 얻을 수 있습니다.

$$\frac{u_i^{n+1} - u_i^n}{\Delta t} = \frac{u_{i-1}^{n+1} - 2u_i^{n+1} + u_{i+1}^{n+1}}{h^2}. \tag{1.9}$$

제로 노이만 경계조건은 다음과 같습니다.

$$u_0^n = u_1^n,\ u_{N_x+1}^n = u_{N_x}^n,\ 0 \leq n \leq N_t. \tag{1.10}$$

공간 영역에 대한 이산화는 [1.1 그림]과 같이 나타낼 수 있습니다.

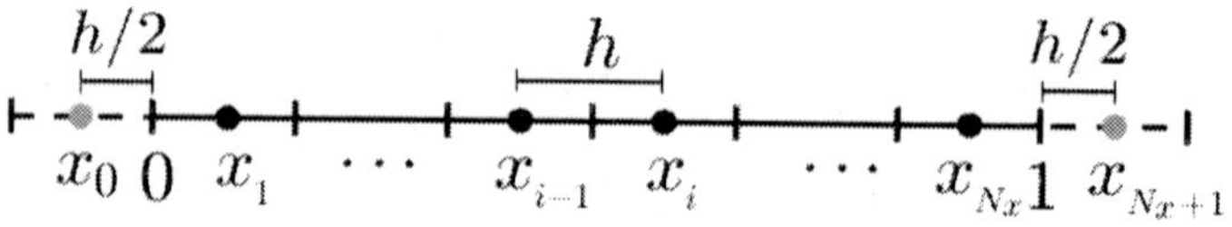

그림 1.1: 공간에 대한 이산 격자.

(1.9) 식은 다음과 같이 다시 쓸 수 있습니다.

$$\frac{u_i^{n+1}}{\Delta t} - \frac{u_{i-1}^{n+1} - 2u_i^{n+1} + u_{i+1}^{n+1}}{h^2} = \frac{u_i^n}{\Delta t}. \tag{1.11}$$

(1.11) 식에서 왼쪽은 $(n+1)$ 시간에 대한 항들과 오른쪽은 n 시간에 대한 항으로 구성되어있습니다. 선형 연산자 $\mathcal{L}(u_i^{n+1})$과 함수 f_i를 다음과 같이 정의합니다.

$$\mathcal{L}(u_i^{n+1}) = \frac{u_i^{n+1}}{\Delta t} - \frac{u_{i-1}^{n+1} - 2u_i^{n+1} + u_{i+1}^{n+1}}{h^2},\ f_i = \frac{u_i^n}{\Delta t}. \tag{1.12}$$

그러면 (1.11) 식을 다음과 같이 나타낼 수 있습니다.

$$\mathcal{L}(u_i^{n+1}) = f_i. \tag{1.13}$$

1.4 가우스-세이델 방법을 사용하여 열 방정식 풀기

선형 멀티그리드 방법에서 가우스-세이델 방법을 사용하기 때문에 먼저 가우스-세이델 방법에 대하여 알아보고 가우스-세이델 방법으로 열 방정식을 풀어 봅니다. 가우스-세이델 방법은 반복법입니다. (1.11) 식은 다음과 같이 정리할 수 있습니다.

$$u_i^{n+1} = \left(f_i + \frac{u_{i-1}^{n+1} + u_{i+1}^{n+1}}{h^2}\right) \bigg/ \left(\frac{1}{\Delta t} + \frac{2}{h^2}\right),\ 1 \leq i \leq N_x. \tag{1.14}$$

제 1 절 선형 멀티그리드 방법

시간이 $t = (n+1)\Delta t$일 때와 $t = n\Delta t$일 때 u_i, $i = 1, 2, \ldots, N_x$를 각각 벡터 $\mathbf{u}^{n+1}$, $\mathbf{u}^n$로 다음과 같이 나타낼 수 있습니다.

$$\mathbf{u}^{n+1} = (u_1^{n+1}, \cdots, u_{N_x}^{n+1}), \ \mathbf{u}^n = (u_1^n, \cdots, u_{N_x}^n).$$

처음 시작하는 근사해를 $\mathbf{u}^{n+1,0} = \mathbf{u}^n$라고 하면, (1.14) 식과 경계조건 (1.10) 식을 이용하여 $i = 1, \ldots, N_x$ 에 대해서 근사해는 다음 식을 통해 계산됩니다.

$$u_1^{n+1,s+1} = \left(f_1 + \frac{u_2^{n+1,s}}{h^2}\right) \bigg/ \left(\frac{1}{\Delta t} + \frac{1}{h^2}\right), \tag{1.15}$$

$$u_i^{n+1,s+1} = \left(f_i + \frac{u_{i-1}^{n+1,s+1} + u_{i+1}^{n+1,s}}{h^2}\right) \bigg/ \left(\frac{1}{\Delta t} + \frac{2}{h^2}\right), \ 2 \leq i \leq N_x - 1, \tag{1.16}$$

$$u_{N_x}^{n+1,s+1} = \left(f_{N_x} + \frac{u_{N_x-1}^{n+1,s+1}}{h^2}\right) \bigg/ \left(\frac{1}{\Delta t} + \frac{1}{h^2}\right), \tag{1.17}$$

여기서 $u_i^{n+1,s}$와 $u_i^{n+1,s+1}$은 각각 가우스-세이델 전과 후의 u_i^{n+1}의 근사치입니다. 주어진 tol값에 대해서 $\|\mathbf{u}^{n+1,s+1} - \mathbf{u}^{n+1,s}\|_2 < tol$을 만족할 때까지 (1.15)-(1.17) 식들을 반복 실행합니다. 여기서 이산 l_2-norm $\|\cdot\|_2$은 다음과 같이 정의됩니다.

$$\|\mathbf{u}\|_2 = \sqrt{\frac{1}{N_x} \sum_{i=1}^{N_x} u_i^2}. \tag{1.18}$$

공간 영역 $\Omega = (0, 1)$에서 초기조건이 다음과 같이 주어졌다고 합시다.

$$u(x, 0) = \cos(2\pi x). \tag{1.19}$$

수치 시뮬레이션을 수행하기 위해 전체 공간 노드 개수 $N_x = 32$, 공간 격자 크기 $h = 1/32$, 전체 시간 노드 개수 $N_t = 100$, 시간 단계 크기 $\Delta t = 0.5h^2$와 허용오차 $tol = 1.0e\text{-}7$을 사용합니다.

1.5 가우스-세이델 방법을 사용하여 열 방정식을 푸는 C 코드 와 후처리 MATLAB 코드

가우스-세이델 방법을 이용하여 1차원 열 방정식을 풀기 위한 C 코드를 제시 합니다. ⟨1.1 표⟩에서 코드에서 사용되는 매개변수들을 소개합니다.

표 1.1: 1차 열 방정식을 풀기 위한 코드에 사용되는 매개변수.

매개변수	설명
Nx	전체 공간 노드 개수
dt	Δt (시간 단계 크기)
xleft	영역의 최솟값
xright	영역의 최댓값
print_interval	출력 데이터 간격
Nt	전체 시간 단계 개수
max_iteration	가우스-세이델 반복법의 최대 시행 횟수
tol	가우스-세이델 반복법의 오차 범위
h	공간 격자 크기
h2	h^2

```c
/* One-dimensional heat equation using Gauss-Seidel iterative */
#include <stdio.h>
#include <math.h>
#include <stdlib.h>
int Nx;
double dt, h, h2, xleft, xright;
void initialization(double *u_init) {
    int i;
    double x, pi=4.0*atan(1.0);

    for (i=1; i<=Nx; i++) {
```

제 1 절 선형 멀티그리드 방법

```
            x = xleft + ((double)i-0.5)*h;
            u_init[i] = cos(2.0*pi*x);}
}
void source(double *u_n, double *f) {
    int i;

    for (i=1; i<=Nx; i++) {
        f[i] = u_n[i]/dt;}
}
void GaussSeidel(double *u_sp1, double *f, int Nx) {
    int i, iter;
    double h2, coeff, sor, ht2;

    ht2 = pow((xright-xleft)/(double) Nx, 2);
    for(i=1; i<=Nx; i++) {
        coeff = 1.0/dt;
        sor = f[i];
        if (i>1) {
            coeff += 1.0/h2;
            sor += u_sp1[i-1]/h2;}
        if (i<Nx) {
            coeff += 1.0/h2;
            sor += u_sp1[i+1]/h2;}
        u_sp1[i] = sor/coeff;}
}
double *dvector(long i_start, long i_end) {
    double *v;

    v=(double *) malloc((i_end-i_start+1+1)*sizeof(double));
    return v-i_start+1;
}
```

```c
void free_dvector(double *v, long i_start, long i_end) {
    free (v+i_start-1);
}
void print_data(FILE* fpt, double *a, int i_start, int i_end) {
    int i;

    for (i=i_start; i<=i_end; i++)
        fprintf(fpt,"%16.15f \n", a[i]);
}
void vec_copy(double *a, double *b, int i_start, int i_end) {
    int i;

    for (i=i_start; i<=i_end; i++)
        a[i]=b[i];
}
void vec_sub(double *a, double *b, double *c, int i_start,
             int i_end) {
    int i;

    for (i=i_start; i<=i_end; i++)
        a[i]=b[i]-c[i];
}
double norm1D(double *a, int i_start, int i_end) {
    int i;
    double value=0.0;

    for (i=i_start; i<=i_end; i++)
        value+=a[i]*a[i];
    return sqrt(value/(i_end-i_start+1.0));
}
double diff_norm1D(double *a, double *b, int Nx) {
```

제 1 절 선형 멀티그리드 방법

```
    double *d, value;

    d = dvector(1, Nx);
    vec_sub(d, a, b, 1, Nx);
    value = norm1D(d, 1, Nx);
    free_dvector(d, 1, Nx);
    return value;
}
int main() {
    char buffer[20];
    int n, print_interval, Nt, it_GS, max_iteration, count=1;
    double tol, error, *u_np1, *u_n, *f;
    FILE *fpt;

    xleft=0.0; xright=1.0;
    Nx=32; Nt=100; print_interval=Nt/5;
    h=(xright-xleft)/(double)Nx; h2=pow(h,2);
    dt=0.5*h2;
    max_iteration=1000; tol=1.0e-7;
    u_n=dvector(1, Nx);
    u_np1=dvector(1, Nx);
    f=dvector(1, Nx);
    initialization(u_n);
    sprintf(buffer, "Heat1D_GS.m");
    fpt = fopen(buffer, "w");
    print_data(fpt, u_n, 1, Nx);
    printf("\nThe number of prints is %d \n", count);
    vec_copy(u_np1, u_n, 1, Nx);

    for (n=1; n<=Nt; n++) {
        source(u_n, f);
```

```
            it_GS = 0; error = 1.0;
            while (it_GS<=max_iteration && error>tol) {
                GaussSeidel(u_np1, f, Nx);
                error = diff_norm1D(u_n, u_np1, Nx);
                vec_copy(u_n, u_np1, 1, Nx);
                it_GS++;}

            printf("n = %3d   GS iterations %d error = %16.14f\n",
                    n, it_GS, error);
            if (n % print_interval == 0) {
                print_data(fpt, u_n, 1, Nx); count++;
                printf("\nThe number of prints is %d \n\n",count);}
        }
        fclose(fpt);
        printf("Nx = %d\n", Nx);
        printf("Nt = %d\n", Nt);
        printf("dt = %f\n", dt);
        printf("print_interval = %d\n", print_interval);
        return 0;
}
```

위 코드에 나오는 일부 함수를 살펴봅시다.

```
void initialization(double *u_init) {
    int i;
    double x, pi=4.0*atan(1.0);

    for (i=1; i<=Nx; i++) {
        x = xleft + ((double)i-0.5)*h;
        u_init[i] = cos(2.0*pi*x);}
}
```

제 1 절 선형 멀티그리드 방법   19

atan(1.0)은 $\pi/4$이므로 4.0*atan(1.0)는 π가 됩니다. 주어진 초기조건 (1.19) 식은 c_init[i] = cos(2.0*pi*x)로 작성됩니다.

```
void source(double *u_n, double *f) {
    int i;

    for (i=1; i<=Nx; i++) {
        f[i] = u_n[i]/dt;}
}
```

f[i] = u_old[i]/dt는 (1.12) 식에서 $f_i = u_i^n/\Delta t$입니다.

```
void GaussSeidel(double *u_sp1, double *f, int Nx) {
    int i, iter;
    double h2, coeff, sor;

    ht2 = pow((xright-xleft)/(double) Nx, 2);
    for(i=1; i<=Nx; i++) {
        coeff = 1.0/dt;
        sor = f[i];
        if (i>1) {
            coeff += 1.0/h2;
            sor += u_sp1[i-1]/h2;}
        if (i<Nx) {
            coeff += 1.0/h2;
            sor += u_sp1[i+1]/h2;}
        u_sp1[i] = sor/coeff;}
}
```

h2 = pow((xright - xleft)/(double) Nx, 2)는 h^2입니다. 제로 노이만 경계조건을 적용하기 위해서 (i>1)일 때와 (i<Nx)일 때를 나누어서 포함되는 부분을 합하는 형식으로 코드를 작성했습니다. 또한, 여기서 +=은 복합 할당

연산자로 a+=1은 a=a+1을 나타냅니다. 다음 ⟨1.2 표⟩와 같이 복합 할당연산자를 사용하면 간편하게 나타낼 수 있습니다.

표 1.2: 복합 할당연산자와 그 내용.

연산자	내용
x += y	x = x+y
x -= y	x = x-y
x *= y	x = x*y
x /= y	x = x/y
x %= y	x = x%y

```
double norm1D(double *a, int i_start, int i_end) {
    int i;
    double value=0.0;

    for (i=i_start; i<=i_end; i++)
        value+=a[i]*a[i];
    return sqrt(value/(i_end-i_start+1.0));
}
```

1차원 공간에서 이산 l_2-norm (1.18) 식을 계산하는 코드입니다. 다음 MAT-LAB 코드는 가우스-세이델 방법을 사용한 수치해와 해석해를 보여주는 코드입니다. (1.1) 식의 해석해는 다음과 같습니다.

$$u(x,t) = \cos(2\pi x)e^{-4\pi^2 t}.$$

제 1 절 선형 멀티그리드 방법

```
clear;
hold on; box on;
A = load('./Heat1D_GS.m');
Nx = 32; h = 1/Nx; dt = 0.5*h^2;
x = linspace(0.5*h,1-0.5*h,Nx);
m = length(A)/Nx;
for i = 1:m
    plot(x,A(1+(i-1)*Nx:i*Nx),'ko');
    plot(x,exp(-(2*pi)^2*(i-1)*20*dt)*cos(2*pi*x),'k-');
end
lgd = legend('numerical solution','exact solution');
set(lgd,'fontsize',14,'location','North');
set(gca, 'fontsize', 16); axis([0 1 -1 1])
text('Interpreter', 'latex','String' ,'$u$', ...
    'Position' ,[-0.05 0.84],'FontSize', 21)
text('Interpreter', 'latex','String' ,'$x$', ...
    'Position' ,[0.92 -1.105],'FontSize', 21)
print('-deps','heat1D_GS.eps');
```

[1.2 그림]은 시간이 $t = 0, 2\Delta t, 4\Delta t, 6\Delta t, 8\Delta t, 10\Delta t$일 때 가우스-세이델 방법을 사용하여 얻은 수치해의 시간적 변화를 보여줍니다.

1.6 선형 멀티그리드 V-사이클 알고리즘

하나의 V-사이클에 대한 단계를 명확하게 설명하기 위해 가장 조밀한 격자가 8점 격자(8-point grid)인 경우를 고려합니다. 이산 영역을 다음과 같이 정의합니다.

$$\Omega_k = \{x_i = (i - 0.5)h_k | 1 \le i \le 2^{k+1}, \; h_k = 2^{-(k+1)}\}, \quad k = 0, 1, 2.$$

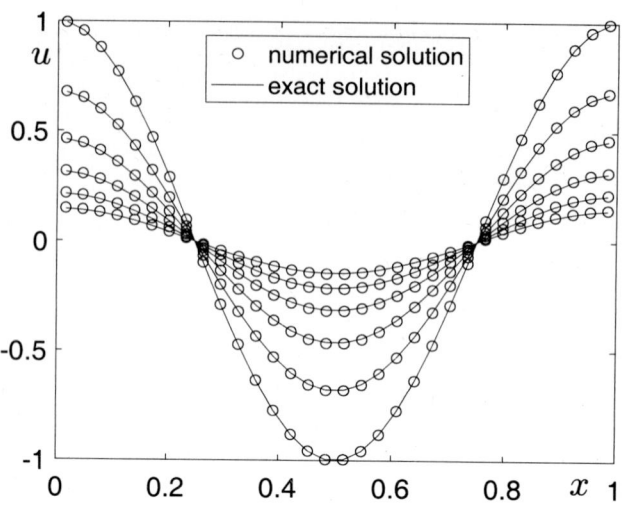

그림 1.2: 초기조건 $u(x,0) = \cos(2\pi x)$을 사용하여 열 방정식을 가우스-세이델 방법을 사용하여 얻은 시간 $t = 0$, $20\Delta t$, $40\Delta t$, $60\Delta t$, $80\Delta t$, $100\Delta t$에서의 수치해(원형 기호)와 해석해(실선).

즉,

$$\Omega_2 = \{x_1, x_2, x_3, x_4, x_5, x_6, x_7, x_8\}, \tag{1.20}$$
$$\Omega_1 = \{x_1, x_2, x_3, x_4\}, \tag{1.21}$$
$$\Omega_0 = \{x_1, x_2\}. \tag{1.22}$$

Ω_{k-1}는 Ω_k보다 2배 성긴 격자입니다. 이산 열 방정식 (1.9) 식에 대한 멀티그리드 방법은 [1.3 그림]과 같이 원래 격자 Ω_2를 연속적으로 성기게 하여 생성된 격자 계층 (Ω_2, Ω_1, Ω_0)을 사용합니다.

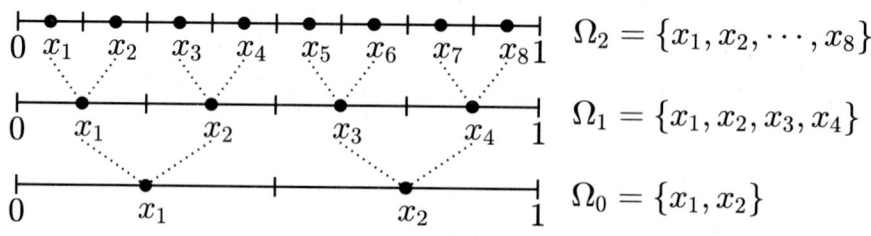

그림 1.3: $h = 1/8$일 때 성긴 격자 생성 과정.

가우스-세이델 방법은 멀티그리드 방법에서 스무싱(smoothing) 단계에 사

제 1 절 선형 멀티그리드 방법

용됩니다. 반복법에서 스무싱이란 근사해가 만족해야 하는 식에서 모든 항을 한쪽으로 모았을 때의 오차가 부드러운 형태를 취한다는 것입니다. 시간 $t = n\Delta t$에서의 수치해를 u_k^n라 표기하고 $\mathcal{L}_k$는 이산 정의역 Ω_k에서 (1.13) 식에 의해 정의된 선형 연산자입니다. (1.13) 식을 Ω_2에서 다시 쓰면 다음과 같습니다.

$$\mathcal{L}_2(u_i^{n+1}) = f_2, \quad x_i \in \Omega_2. \tag{1.23}$$

(1.13) 식을 풀기 위한 멀티그리드 방법의 알고리즘은 다음과 같습니다.

멀티그리드 사이클

$$u_k^{n+1,m+1} = MGcycle(k,\ u_k^{n+1,m},\ \mathcal{L}_k,\ f_k,\ \nu).$$

$u_k^{n+1,m}$와 $u_k^{n+1,m+1}$는 각각 $MGcycle$ 전과 후 k-단계에서 u_k^{n+1}의 근사치입니다. 주어진 숫자 ν는 V-사이클을 사용하는 멀티그리드 방법에 대한 스무싱 단계의 반복 횟수입니다 [38]. 초기조건 u_2^0가 주어졌을 때, $n = 1, 2, \cdots$에 대하여 u_2^n을 계산하는 것이 목표입니다. 따라서 주어진 u_2^n에서 (1.23) 식을 만족하는 해 u_2^{n+1}를 구해야 합니다. $MGcycle$의 가장 초기 근삿값 $u_2^{n+1,0}$은 이전 시간 단계의 해 u_2^n를 사용합니다. 즉, $u_2^{n+1,0} = u_2^n$입니다.

1 단계) 프리-스무싱(Pre-smoothing)

$$\bar{u}_k^{n+1,m} = SMOOTH^\nu(u_k^{n+1,m}, \mathcal{L}_k, f_k),$$

주어진 초기 근삿값 $u_k^{n+1,m}$과 소스 항 f_k에 대하여 스무싱 연산자 $SMOOTH$로 ν번의 스무싱 단계를 수행하여 근삿값 $\bar{u}_k^{n+1,m}$을 계산합니다. 스무싱 연산자 $SMOOTH$는 다음과 같은 가우스-세이델 스무싱 방법을 사용합니다.

$$u_1^{n+1,m,s+1} = \left(f_1 + \frac{u_2^{n+1,m,s}}{h^2}\right) \bigg/ \left(\frac{1}{\Delta t} + \frac{1}{h^2}\right), \tag{1.24}$$

$$u_i^{n+1,m,s+1} = \left(f_i + \frac{u_{i-1}^{n+1,m,s+1} + u_{i+1}^{n+1,m,s}}{h^2}\right) \bigg/ \left(\frac{1}{\Delta t} + \frac{2}{h^2}\right),\ 2 \leq i \leq 2^{k-2}N_x - 1,$$

$$u_{N_x}^{n+1,m,s+1} = \left(f_{N_x} + \frac{u_{N_x-1}^{n+1,m,s+1}}{h^2}\right) \bigg/ \left(\frac{1}{\Delta t} + \frac{1}{h^2}\right),$$

여기서 s 및 $s+1$는 각각 현재 및 새 근삿값을 나타내며 $u_i^{n+1,m,\nu}$, $i = 1, 2, \ldots, N_x$에 대하여 계산됩니다. 따라서 멀티그리드 사이클에서 한 번의 프리스무싱 단계는 $1 \le i \le 2^{k-2}N_x$에 대하여 주어진 (1.24) 식들을 총 ν번 푸는 것으로 구성됩니다.

2 단계) 성긴 격자 보정(coarse grid correction)

- 결손을 계산합니다. $\bar{d}_k^m = f_k - \mathcal{L}_k(\bar{u}_k^{n+1,m})$.
- 결손과 $\bar{u}_k^m$을 제한합니다. $\bar{d}_{k-1}^m = I_k^{k-1}\bar{d}_k^m$ 제한 연산자(restriction operator) I_k^{k-1}은 k-단계 함수를 $(k-1)$-단계 함수에 매핑합니다.

$$d_{k-1}(x_i, y_j) = I_k^{k-1}d_k(x_i, y_j) = \frac{1}{2}[d_k(x_{i-\frac{1}{2}}) + d_k(x_{i+\frac{1}{2}})].$$

- Ω_{k-1}에서 성긴 격자 방정식의 근사해 $\hat{u}_{k-1}^{n+1,m}$를 계산합니다. 즉,

$$\mathcal{L}_{k-1}(u_{k-1}^{n+1,m}) = \bar{d}_{k-1}^m. \tag{1.25}$$

$k = 1$이면 (1.25) 식에 직접 또는 빠른 반복 수치 계산 방법을 사용합니다. 만약 $k > 1$이면 제로 격자 함수를 초깃값으로 사용하여 k-격자 사이클을 사용하여 대략적으로 (1.25) 식을 풉니다.

$$\hat{v}_{k-1}^{n+1,m} = MGcycle(k-1, 0, \mathcal{L}_{k-1}, \bar{d}_{k-1}^m, \nu).$$

- 수정 보간: $\hat{v}_k^{n+1,m} = I_{k-1}^k \hat{v}_{k-1}^{n+1,m}$. 여기서 성긴 격자의 값은 두 개의 가까운 조밀 격자점으로 간단하게 변환할 수 있습니다. 즉, $v_k(x_{2i-1}) = v_{k-1}\left(\frac{x_{2i-1}+x_{2i}}{2}\right)$ 및 $v_k(x_{2i}) = v_{k-1}\left(\frac{x_{2i-1}+x_{2i}}{2}\right)$가 됩니다.
- Ω_k에서 수정된 근삿값을 계산합니다.

$$u_k^{m,\text{ after }CGC} = \bar{u}_k^{n+1,m} + \hat{v}_k^{n+1,m}.$$

3 단계) 포스트-스무싱(Post-smoothing):

$$u_k^{n+1,m+1} = SMOOTH^\nu(u_k^{m,\text{ after }CGC}, \mathcal{L}_k, f_k).$$

제 1 절 선형 멀티그리드 방법

이것으로 $MGcycle$에 대한 설명을 마칩니다. 결과 오차 $\|u^{n+1,m+1}-u^{n+1,m}\|_2$가 주어진 허용 오차보다 작으면 한 $MGcycle$ 단계가 중지됩니다. [1.4 그림]에 해당하는 두 격자 사이클에 대한 설명이 있습니다.

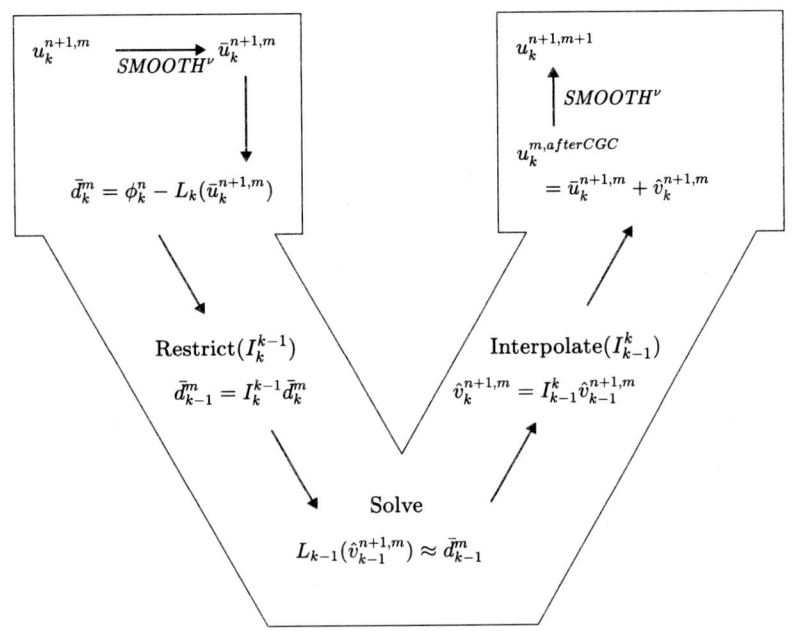

그림 1.4: $MGcycle(k, k-1)$ 두 격자 방법.

1.7 수치 실험

초기조건은 공간 영역 $\Omega = (0,1)$에서 $u(x,0) = \cos(2\pi x)$입니다. $h = 1/64$와 $\Delta t = 0.5h^2$를 사용합니다. 가우스-세이델 반복 횟수는 2입니다. 허용 오차는 $1.0e$-7입니다. [1.5 그림]은 $t = 0, 2\Delta t, 4\Delta t, 6\Delta t, 8\Delta t, 10\Delta t$에서 수치해의 시간적 변화를 보여줍니다. 열 방정식의 해석해는 $\cos(2\pi x)e^{-4\pi^2 t}$입니다.

1.8 C 코드와 후처리 MATLAB 코드

선형 멀티그리드로 1차원 열 방정식을 풀기 위한 C 코드를 제시합니다. 〈1.3 표〉는 사용하는 매개변수에 대한 설명입니다.

표 1.3: 1차 열 방정식에 사용되는 매개변수.

매개변수	설명
Nx	전체 공간 노드 개수
n_level	멀티그리드 단계
n_relax	열 방정식 스무싱 반복 횟수
dt	Δt (시간 단계 크기)
xleft	영역의 최솟값
xright	영역의 최댓값
ns	출력된 데이터의 개수
max_it	최대 시행 횟수
Nt	전체 시간 단계 개수
max_it_MG	멀티그리드 연산 횟수
tol_MG	멀티그리드의 오차 범위
h	공간 격자 크기
h2	h^2

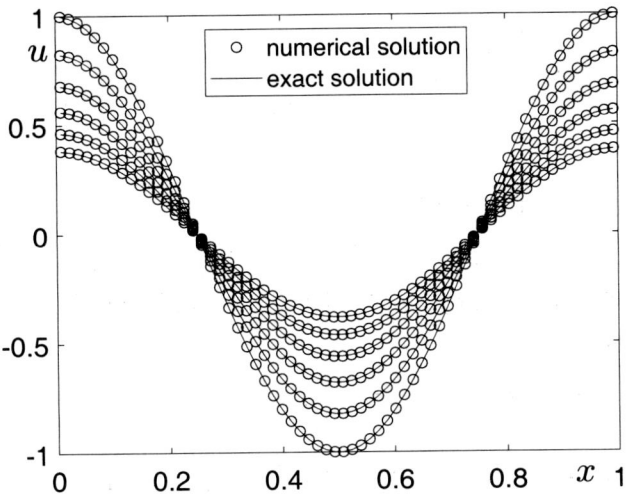

그림 1.5: 초기조건 $u(x,0) = \cos(2\pi x)$에 따른 열 방정식의 시간 $t = 0,\ 40\Delta t,\ 80\Delta t,\ 120\Delta t,\ 160\Delta t,\ 200\Delta t$에 따른 수치해(원형 기호)와 해석해(실선).

```
/* One-dimensional heat equation using multigrid method */
#include <stdio.h>
#include <math.h>
#include <stdlib.h>
int Nx, n_level, n_relax, k;
double dt, h, h2, xleft, xright;

void initialization(double *u_init) {
    int i;
    double x, pi=4.0*atan(1.0);

    for (i=1; i<=Nx; i++) {
        x = xleft + ((double)i-0.5)*h;
        u_init[i] = cos(2.0*pi*x);}
}
void source(double *u_n, double *f) {
```

```
        int i;

    for (i=1; i<=Nx; i++) {
        f[i] = u_n[i]/dt;}
}
void relaxGS(double *u_sp1, double *f, int Nxt) {
    int i, iter;
    double ht2, coeff, sor;

    ht2 = pow((xright-xleft)/(double) Nxt, 2);
    for (iter=1; iter<=n_relax; iter++) {
        for(i=1; i<=Nxt; i++) {
        coeff = 1.0/dt;
        sor = f[i];
        if (i>1) {
            coeff += 1.0/ht2;
            sor += u_sp1[i-1]/ht2;}
        if (i<Nxt) {
            coeff += 1.0/ht2;
            sor += u_sp1[i+1]/ht2;}
        u_sp1[i] = sor/coeff;}
    }
}
double *dvector(long i_start, long i_end) {
    double *v;

    v=(double *) malloc((i_end-i_start+1+1)*sizeof(double));
    return v-i_start+1;
}
void free_dvector(double *v, long i_start, long i_end) {
    free (v+i_start-1);
```

```
}
double Lap1D(double *u, int i, int Nxt) {
    double ht, dudx_L=0.0, dudx_R=0.0;

    ht = (xright - xleft)/(double)Nxt;
    if (i > 1)
        dudx_L = (u[i] - u[i - 1])/ht;
    if (i < Nxt)
        dudx_R = (u[i + 1] - u[i])/ht;
    return (dudx_R - dudx_L)/ht;
}
void restrict1D(double *uf, double *uc, int Nxc) {
    int i;

    for (i=1; i<=Nxc; i++) {
        uc[i] = 0.5*(uf[2*i-1] + uf[2*i]);}
}
void prolong1D(double *uc, double *uf, int Nxc) {
    int i;

    for (i=1; i<=Nxc; i++) {
        uf[2*i-1] = uc[i];
        uf[2*i] = uc[i];}
}
void print_data(FILE* fpt, double *a, int i_start, int i_end) {
    int i;

    for (i=i_start; i<=i_end; i++)
        fprintf(fpt,"%16.15f \n", a[i]);
}
void vec_copy(double *a, double *b, int i_start, int i_end) {
```

```c
    int i;

    for (i=i_start; i<=i_end; i++)
        a[i]=b[i];
}
void vec_add(double *a, double *b, double *c, int i_start,
         int i_end) {
    int i;

    for (i=i_start; i<=i_end; i++)
        a[i]=b[i]+c[i];
}
void vec_sub(double *a, double *b, double *c, int i_start,
         int i_end) {
    int i;

    for (i=i_start; i<=i_end; i++)
        a[i]=b[i]-c[i];
}
double norm1D(double *a, int i_start, int i_end) {
    int i;
    double value=0.0;

    for (i=i_start; i<=i_end; i++)
        value+=a[i]*a[i];
    return sqrt(value/(i_end-i_start+1.0));
}
double diff_norm1D(double *a, double *b, int Nx) {
    double *d, value;

    d = dvector(1, Nx);
```

제 1 절 선형 멀티그리드 방법

```
    vec_sub(d, a, b, 1, Nx);
    value = norm1D(d, 1, Nx);
    free_dvector(d, 1, Nx);
    return value;
}
void vcycle(double *uf_new, double *ff, int Nxf, int ilevel) {
    int i;

    relaxGS(uf_new, ff, Nxf);

    if (ilevel > 0) {
        int Nxc = Nxf/2;
        double *fc, *defectc, *defect;

        fc = dvector(1, Nxc);
        defectc = dvector(1, Nxc);
        defect = dvector(1, Nxf);
        for (i=1;i<=Nxf;i++) {
            defect[i]=ff[i]-uf_new[i]/dt+Lap1D(uf_new, i, Nxf);}
        restrict1D(defect, fc, Nxc);
        for (i=1;i<=Nxc;i++)
            defectc[i] = 0.0;
                vcycle(defectc, fc, Nxc, ilevel - 1);
             prolong1D(defectc, defect, Nxc);
         vec_add(uf_new, uf_new, defect, 1, Nxf);
        relaxGS(uf_new, ff, Nxf);
        free_dvector(fc, 1, Nxc);
        free_dvector(defectc, 1, Nxc);
        free_dvector(defect, 1, Nxf);}
}
```

```
int main() {
    char buffer[20];
    int it, ns, max_iteration, it_MG, max_it_MG, count=1;
    double tol, error, *u_new, *u_old, *u_tmp, *f;
    FILE *fpt;

    xleft = 0.0; xright = 1.0; Nx = 64; max_iteration = 100;
    ns = max_iteration/5; h = (xright - xleft)/(double)Nx;
    h2=pow(h,2); dt=0.5*h2; n_relax=2;
    n_level=(int)(log(Nx)/log(2.0)+0.1)-1;
    u_old=dvector(1, Nx);
    u_new=dvector(1, Nx);
    u_tmp=dvector(1, Nx);
    f=dvector(1, Nx);
    initialization(u_new);
    sprintf(buffer,"Heat1D_MG.m");
    fpt = fopen(buffer,"w");
    print_data(fpt,u_new,1,Nx);
    max_it_MG=1000; tol=1.0e-7;

    for (it=1; it<=max_iteration; it++) {
        vec_copy(u_old, u_new, 1, Nx);
        source(u_old, f);
        it_MG = 0; error = 2.0*tol;
        vec_copy(u_tmp, u_new, 1, Nx);
        while (it_MG<=max_it_MG && error>tol) {
            vcycle(u_new, f, Nx, n_level);
            error = diff_norm1D(u_tmp, u_new, Nx);
            vec_copy(u_tmp, u_new, 1, Nx);
            it_MG++;}
        printf("it=%3d : iteration %d error = %16.14f\n \n",
```

제 1 절 선형 멀티그리드 방법

```
                    it, it_MG, error);
        if (it % ns == 0) {
            print_data(fpt, u_new, 1, Nx); count++;
            printf("\n count=%d \n",count);}
    }
    fclose(fpt);
    printf("Nx      = %d\n", Nx);
    printf("max_it  = %d\n", max_iteration);
    printf("ns      = %d\n", ns);
    printf("dt      = %f\n", dt);
    printf("n_level = %d\n", n_level);
    return 0;
}
```

아래는 코드에서 사용된 몇 가지 함수의 부연설명입니다.

```
double Lap1D(double *u, int i, int Nxt) {
    double ht, dudx_L=0.0, dudx_R=0.0;

    ht = (xright - xleft)/(double)Nxt;
    if (i > 1)
        dudx_L = (u[i] - u[i - 1])/ht;
    if (i < Nxt)
        dudx_R = (u[i + 1] - u[i])/ht;
    return (dudx_R - dudx_L)/ht;
}
```

선형 연산자를 해결합니다. 제로 노이만 경계조건을 적용하기 위해서 (i>1)일 때와 (i<Nxt)일 때를 나누어서 포함되는 부분을 합하는 형식으로 코드를 작성했습니다.

```c
void restrict1D(double *uf, double *uc, int Nxc) {
    int i;

    for (i=1; i<=Nxc; i++) {
        uc[i] = 0.5*(uf[2*i-1] + uf[2*i]);}
}
```

성긴 격자의 값은 두 개의 가까운 조밀 격자점의 평균으로 정의합니다. uc와 uf는 각각 성긴 격자와 조밀 격자에 대한 u를 나타냅니다.

```c
void prolong1D(double *uc, double *uf, int Nxc) {
    int i;

    for (i=1; i<=Nxc; i++) {
        uf[2*i-1] = uc[i];
        uf[2*i] = uc[i];}
}
```

조밀 격자의 값은 이전에 변환되었던 성긴 격자점에 정의된 값으로 복사됩니다. 다음 MATLAB 코드는 [1.5 그림]과 같은 결과를 만듭니다.

```matlab
clear;
hold on; box on;
A=load('./Heat1D_MG.m');
Nx=64; h=1/Nx; dt=0.5*h^2;
x=linspace(0.5*h,1-0.5*h,Nx);
m=length(A)/Nx;
for i=1:m
    plot(x,A(1+(i-1)*Nx:i*Nx),'ko');
    plot(x,exp(-(2*pi)^2*(i-1)*40*dt)*cos(2*pi*x),'k-');
end
```

```
lgd=legend('numerical solution','exact solution');
set(lgd,'fontsize',14,'location','North');
set(gca, 'fontsize', 16); axis([0 1 -1 1])
text('Interpreter', 'latex','String' ,'$u$', ...
    'Position' ,[-0.05 0.84],'FontSize', 21)
text('Interpreter', 'latex','String' ,'$x$', ...
    'Position' ,[0.92 -1.105],'FontSize', 21)
print('-deps','heat1D_MG.eps');
```

1.9 재귀함수(recursive function)

멀티그리드 방식에서 가장 중요한 루틴 중 하나인 재귀함수에 대하여 알아봅시다. 재귀함수는 자기 자신을 호출하는 함수입니다.

```
#include <stdio.h>
void recursive_function(int n) {
    printf("Before the nested routine:  n=%d \n",n);
    if (n>0) {
        recursive_function(n-1);
    printf(" After the nested routine:  n=%d \n",n);}
}

int main()
{
    recursive_function(5);
    return 0;
}
```

다음은 재귀함수에서 입력값이 5인 출력입니다.

```
Before the nested routine:   n=5
Before the nested routine:   n=4
```

```
Before the nested routine:   n=3
Before the nested routine:   n=2
Before the nested routine:   n=1
Before the nested routine:   n=0
 After the nested routine:   n=1
 After the nested routine:   n=2
 After the nested routine:   n=3
 After the nested routine:   n=4
 After the nested routine:   n=5
```

제 2 절   비선형 멀티그리드 방법

이 절에서는 비선형 편미분방정식에 대한 비선형 멀티그리드 방법을 소개합니다. 가장 단순한 비선형 편미분 방정식 중 하나인 알렌-칸 방정식을 사용합니다.

2.1   알렌-칸 방정식

비선형 멀티그리드 방법을 알아보기 위해 1차원 알렌-칸 방정식을 고려합니다.

$$\phi_t(x,t) = -\phi^3(x,t) + \phi(x,t) + \epsilon^2 \phi_{xx}(x,t), \ x \in \Omega = (0,1), \ t > 0, \quad (1.26)$$
$$\phi_x(0,t) = \phi_x(1,t) = 0, \quad (1.27)$$

여기서 $\phi(x,t)$는 $[-1,1]$ 사이의 값을 가지는 매개변수, x는 공간 변수, t는 시간 변수, 아래 첨자는 해당 변수에 대한 편도함수를 의미합니다. 알렌-칸 방정식은 원래 이원 합금에서 상분리에 대한 현상학적 모델로 도입되었습니다 [1]. 1차원 알렌-칸 방정식을 풀기 위해 먼저 다음과 같이 비선형 안정화 분할 방식(non-linearly stabilized splitting scheme) [12,13]을 사용하여 이산화합니다.

$$\frac{\phi_i^{n+1} - \phi_i^n}{\Delta t} = -\left(\phi_i^{n+1}\right)^3 + \phi_i^n + \epsilon^2 \frac{\phi_{i-1}^{n+1} - 2\phi_i^{n+1} + \phi_{i+1}^{n+1}}{h^2}, \quad (1.28)$$

여기서 $\phi_i^n = \phi\left(x_i = (i-0.5)h, n\Delta t\right)$, $h = 1/N_x$는 공간 격자 크기, N_x는 공

제 2 절 비선형 멀티그리드 방법

간 노드 개수, $i = 1, 2, \cdots, N_x$, Δt는 시간 격자 크기, N_t는 시간 노드 개수, $n = 0, 1, \cdots, N_t$입니다. 다음으로 비선형 이산 방정식 (1.28) 식을 풀기 위한 비선형 완전 근사 저장(full approximation storage, FAS) 멀티그리드 방법을 자세히 설명합니다. 비선형 멀티그리드 방법에 대한 자세한 내용과 배경은 참고문헌 [6, 38]을 참조하시기 바랍니다. $\boldsymbol{\phi}^{n+1} = (\phi_1^{n+1}, \phi_2^{n+1}, \ldots, \phi_{N_x}^{n+1})$ 이고 $\mathbf{f}^n = (f_1^n, f_2^n, \ldots, f_{N_x}^n)$라고 합시다. (1.28) 식을 다음과 같이 다시 작성할 수 있습니다.

$$\mathcal{N}(\boldsymbol{\phi}^{n+1}) = \mathbf{f}^n, \tag{1.29}$$

여기서

$$\mathcal{N}(\phi_i^{n+1}) = \frac{\phi_i^{n+1}}{\Delta t} + (\phi_i^{n+1})^3 - \epsilon^2 \frac{\phi_{i-1}^{n+1} - 2\phi_i^{n+1} + \phi_{i+1}^{n+1}}{h^2} \tag{1.30}$$

이고 $f_i^n = \phi_i^n / \Delta t + \phi_i^n$입니다. 주어진 ϕ^n으로 ϕ^{n+1}을 계산합니다. 두 개의 연속 근삿값의 이산 l_2-norm 이 주어진 허용오차보다 작을 때까지 즉, $\|\phi^{n+1,m+1} - \phi^{n+1,m}\|_2 < tol$. 다음 FAS 멀티그리드 사이클을 반복합니다. $\Omega_K = \{x_i | i = 1, \ldots, N_x\}$를 원래의 가장 조밀한 격자라고 합니다. 여기서 K는 $N_x = p \cdot 2^K$를 만족하고 p는 홀수입니다. 그다음, $k = K, \ldots, 1$에 대하여, 연속적으로 더 성긴 격자를 $i = 1, \ldots, p \cdot 2^{k-1}$에 대하여 $\Omega_{k-1} = \{y_i | y_i = 0.5(x_{2i-1} + x_{2i})$과 $x_{2i-1}, x_{2i} \in \Omega_k\}$로 정의합니다.

이제, Ω_k 격자에서 이산화된 문제 (1.29)를 풀기 위한 비선형 멀티그리드 반복법을 소개합니다.

$$\boldsymbol{\phi}_k^{n+1,m+1} = FAScycle(\boldsymbol{\phi}_k^{n+1,m}, \mathcal{N}_k, \mathbf{f}_k^n, \nu),$$

이는 $\boldsymbol{\phi}_k^{n+1,m}$ 및 $\boldsymbol{\phi}_k^{n+1,m+1}$가 Ω_k에서 FAS 사이클 전과 후의 $\boldsymbol{\phi}^{n+1}$의 근삿값임을 의미합니다. 초깃값 $\boldsymbol{\phi}^{n+1,0} = \boldsymbol{\phi}^n$로부터 시작된 반복의 한 단계가 다음과 같이 주어집니다:

1 단계) 프리-스무싱(Pre-smoothing)

$$\bar{\boldsymbol{\phi}}_k^{n+1,m} = SMOOTH^\nu(\boldsymbol{\phi}_k^{n+1,m}, \mathcal{N}_k, \mathbf{f}_k^n).$$

이는 근삿값 $\bar{\phi}_k^{n+1,m}$를 얻기 위해 Ω_k 격자 위에서 초기 근삿값 $\phi_k^{n+1,m}$, 소스 항 $\mathbf{f}_k^n$, 그리고 $SMOOTH$는 스무싱 연산자로 ν 스무싱 단계를 수행하는 것을 의미합니다. 먼저 (1.28) 식을 가우스-세이델 형식으로 재배열합니다.

$$\frac{\phi_i^{n+1,m,s+1}}{\Delta t} + \left(\phi_i^{n+1,m,s+1}\right)^3 + \frac{2\epsilon^2 \phi_i^{n+1,m,s+1}}{h^2} = f_i^n + \epsilon^2 \frac{\phi_{i-1}^{n+1,m,s+1} + \phi_{i+1}^{n+1,m,s}}{h^2}. \quad (1.31)$$

여기서 $\phi_i^{n+1,m,s}$와 $\phi_i^{n+1,m,s+1}$는 현재 가우스-세이델 반복의 새로운 근삿값으로 씁니다. $(\phi_i^{n+1,m,s+1})^3$은 비선형이므로 $\phi_i^{n+1,m,s}$에서 선형화합니다. 즉,

$$(\phi_i^{n+1,m,s+1})^3 \approx (\phi_i^{n+1,m,s})^3 + 3(\phi_i^{n+1,m,s})^2(\phi_i^{n+1,m,s+1} - \phi_i^{n+1,m,s}).$$

따라서 (1.31) 식은 다음과 같이 다시 쓸 수 있습니다

$$\left[\frac{1}{\Delta t} + 3\left(\phi_i^{n+1,m,s}\right)^2 + \frac{2\epsilon^2}{h^2}\right] \phi_i^{n+1,m,s+1}$$
$$= f_i^n + 2\left(\phi_i^{n+1,m,s}\right)^2 + \epsilon^2 \frac{\phi_{i-1}^{n+1,m,s+1} + \phi_{i+1}^{n+1,m,s}}{h^2}. \quad (1.32)$$

하나의 스무싱 연산자 단계는 Ω_k 격자에서 각 i에 대하여 (1.32) 식을 푸는 것으로 구성됩니다. ν 스무싱 단계를 거친 후, $\bar{\phi}_k^{n+1,m}$라 합니다.

2 단계) 결손 계산

$$\boldsymbol{\alpha}_k = \mathbf{f}_k^n - \mathcal{N}_k \bar{\phi}_k^{n+1,m}.$$

3 단계) 결손과 $\bar{\phi}_k^{n+1,m}$ 고정

$$\boldsymbol{\alpha}_{k-1} = I_k^{k-1} \boldsymbol{\alpha}_k, \quad \bar{\phi}_{k-1}^{n+1,m} = I_k^{k-1} \bar{\phi}_k^{n+1,m}.$$

고정 연산자 I_k^{k-1}는 k-단계 함수를 $(k-1)$-단계 함수에 매핑합니다. 즉,

$$\mathbf{d}_{k-1}(i) = I_k^{k-1} \mathbf{d}_k(i) = [\mathbf{d}_k(2i) + \mathbf{d}_k(2i-1)]/2.$$

여기서, $\mathbf{d}_k(i)$는 벡터 $\mathbf{d}_k$의 i번째 요소입니다.

제 2 절 비선형 멀티그리드 방법

4 단계) 우변 계산

$$\mathbf{f}_{k-1}^n = \boldsymbol{\alpha}_{k-1} + \mathcal{N}_{k-1} \bar{\boldsymbol{\phi}}_{k-1}^{n+1,m}.$$

5 단계) Ω_{k-1}에 대한 성긴 격자 방정식의 근사해 $\phi_{k-1}^{n+1,m}$ 계산

$$\mathcal{N}_{k-1} \boldsymbol{\phi}_{k-1}^{n+1,m} = \mathbf{f}_{k-1}^n. \tag{1.33}$$

만약 $k = 1$이면, 해를 얻기 위해 2×2 행렬을 명시적으로 역을 취합니다. 만약 $k > 1$이면, (1.33) 식을 풀기 위해 초깃값으로 $\bar{\boldsymbol{\phi}}_{k-1}^{n+1,m}$을 사용하여 FAS k-격자 사이클을 실행합니다:

$$\hat{\boldsymbol{\phi}}_{k-1}^{n+1,m} = \text{FAScycle}(\bar{\boldsymbol{\phi}}_{k-1}^{n+1,m}, \mathcal{N}_{k-1}, \mathbf{f}_{k-1}^n, \nu).$$

6 단계) 성긴 격자 보정 계산 (coarse grid correction, CGC)

$$\hat{\mathbf{v}}_{k-1}^{n+1,m} = \hat{\boldsymbol{\phi}}_{k-1}^{n+1,m} - \bar{\boldsymbol{\phi}}_{k-1}^{n+1,m}.$$

7 단계) 보정 보간 $\hat{\mathbf{v}}_k^{n+1,m} = I_{k-1}^k \hat{\mathbf{v}}_{k-1}^{n+1,m}$.

여기에서 성긴 격자의 값은 두 개의 가까운 조밀 격자점으로 보내집니다. 즉, $1 \leq i \leq p \cdot 2^{k-1}$에 대하여 $\mathbf{v}_k(2i) = \mathbf{v}_k(2i-1) = I_{k-1}^k \mathbf{v}_{k-1}(i) = \mathbf{v}_{k-1}(i)$.

8 단계) Ω_k에서 보정된 근삿값 계산

$$\boldsymbol{\phi}_k^{n+1,m,\text{ after }CGC} = \bar{\boldsymbol{\phi}}_k^{n+1,m} + \hat{\mathbf{v}}_k^{n+1,m}.$$

9 단계) 포스트-스무싱(Post-smoothing)

$$\boldsymbol{\phi}_k^{n+1,m+1} = SMOOTH^\nu(\boldsymbol{\phi}_k^{n+1,m,\text{ after }CGC}, \mathcal{N}_k, \mathbf{f}_k^n).$$

이것으로 비선형 FAS 사이클에 대한 설명을 마칩니다.

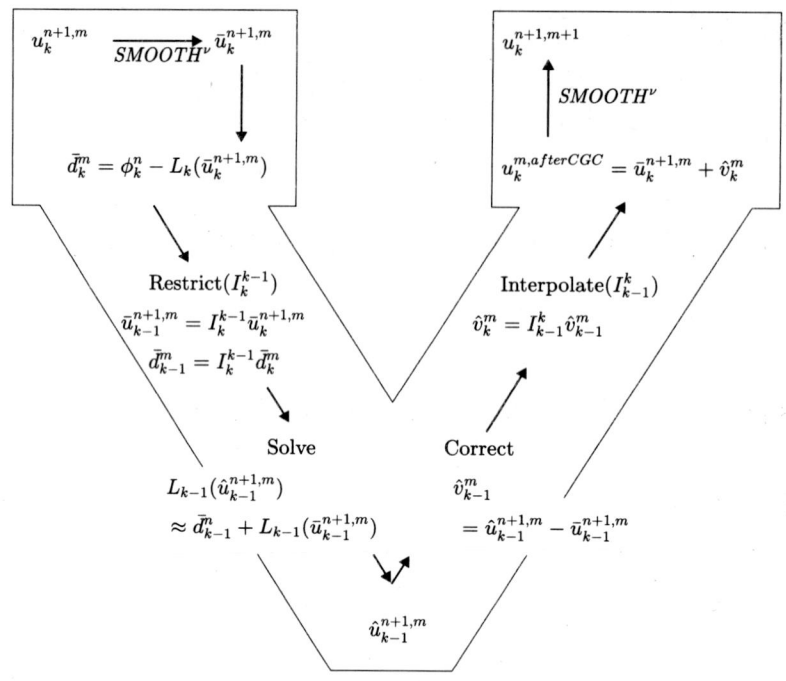

그림 1.6: $FAS\ (k, k-1)$ 두 격자 방법.

2.2 수치 실험

열린 영역 $\Omega = (0,1)$에서 초기조건은 $\phi(x,0)$는 -0.2과 0.2 사이의 균일하게 분포된 난수입니다. 이를 만들기 위하여 rand()라는 함수를 사용합니다. rand() 함수는 0과 32767 사이의 난수를 반환합니다. 가능한 가장 큰 난수 값은 RAND_MAX = 32767로 고정되어 있습니다. 즉, $1 - 2\text{rand}()/\text{RAND\_MAX}$는 -1과 1 사이의 난수를 반환합니다. 이 값에 0.2 를 곱하면 -0.2과 0.2 사이의 균일하게 분포된 난수가 나오므로 이를 초기조건 $\phi(x,0)$에 대입합니다. $h = 1/128$ 및 $\Delta t = 0.5h$입니다. 스무싱 횟수는 3입니다. 허용오차는 $1.0e$-7입니다. [1.8 그림]은 $t = 0,\ 20\Delta t,\ 40\Delta t,\ 60\Delta t,\ 80\Delta t,$ 및 $100\Delta t$에서 수치 해의 시간에 따른 변화를 보여줍니다. $\phi(x) = \tanh(x/(\sqrt{2}\epsilon))$은 알렌-칸 방정식의 평형해입니다. 따라서 상태장의 계면 영역을 $I = \{x|-0.9 \leq \phi(x) \leq 0.9\}$라 하면 계면 영역이 mh가 되도록 하는 ϵ을 다음과 같이 찾을 수 있습니다.

$$\epsilon_m = \frac{mh}{2\sqrt{2}\tanh^{-1}(0.9)}. \tag{1.34}$$

제 2 절   비선형 멀티그리드 방법

여기서 h는 공간 격자의 크기이므로 계면 영역의 크기는 대략 mh가 됩니다. [1.7 그림]에서 계면 영역을 보여줍니다.

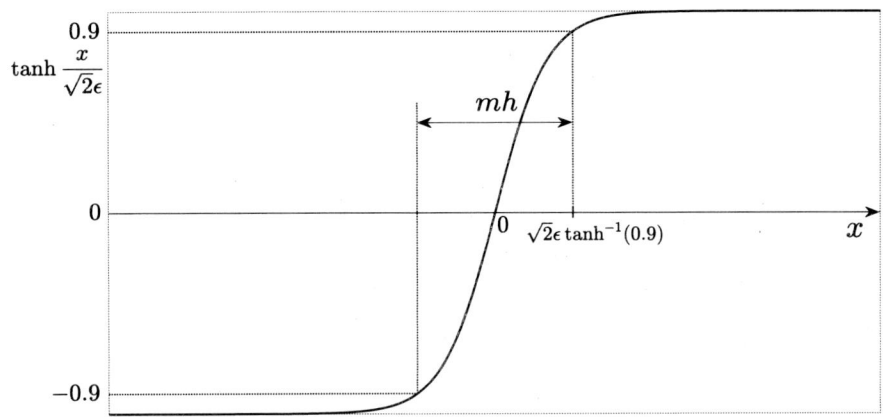

그림 1.7: 상태장은 계면 영역에서 -0.9에서 0.9까지의 값을 가집니다.

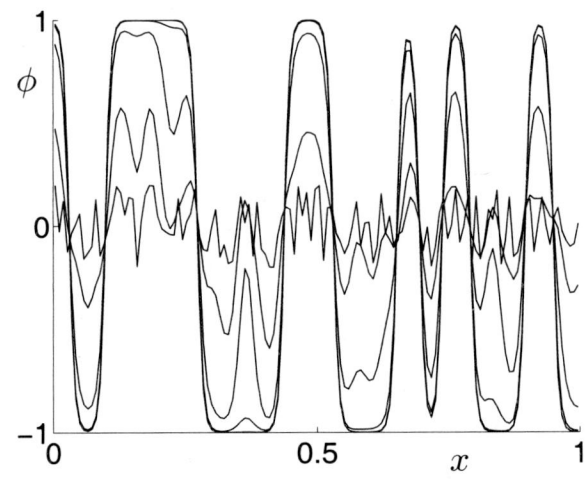

그림 1.8: 초기조건 $0.2\,(1 - 2\text{rand}()/\text{RAND\_MAX})$를 사용한 수치해의 시간적 변화.

비선형 멀티그리드로 1차원 알렌-칸 방정식을 풀기 위한 C 코드입니다. 매개변수는 ⟨1.4 표⟩에 기술되어 있습니다.

표 1.4: 1D 알렌-칸 방정식에 사용된 매개변수.

매개변수	설명
Nx	전체 공간 노드 개수
n_level	멀티그리드 단계
n_relax	알렌-칸 방정식 스무싱 반복 횟수
dt	Δt 시간 단계 크기
xleft	영역의 최솟값
xright	영역의 최댓값
ns	출력된 데이터의 개수
max_it	최대 시행 횟수
Nt	전체 시간 단계 개수
max_it_MG	멀티그리드 연산 횟수
tol_MG	멀티그리드의 오차 범위
h	공간 격자 크기
h2	h^2
gam	ϵ
Cahn	ϵ^2
T	총 시뮬레이션 시간

제 2 절 비선형 멀티그리드 방법

```c
/* One-dimensional Allen-Cahn equation */
#include <stdio.h>
#include <math.h>
#include <stdlib.h>
int Nx, n_level, n_relax, k;
double dt, h, h2, xleft, xright, Cahn, gam;

double *dvector(long i_start, long i_end) {
    double *v;

    v=(double *) malloc((i_end-i_start+1+1)*sizeof(double));
    return v-i_start+1;
}
void free_dvector(double *v, long i_start, long i_end) {
    free (v+i_start-1);
}
void vec_copy(double *a, double *b, int i_start, int i_end) {
    int i;

    for (i=i_start; i<=i_end; i++)
        a[i]=b[i];
}
void vec_add(double *a, double *b, double *c, int i_start,
            int i_end) {
    int i;

    for (i=i_start; i<=i_end; i++)
        a[i]=b[i]+c[i];
}
void vec_sub(double *a, double *b, double *c, int i_start,
            int i_end) {
```

```c
    int i;

    for (i=i_start; i<=i_end; i++)
        a[i]=b[i]-c[i];
}
double norm1D(double *a, int i_start, int i_end) {
    int i;
    double value=0.0;

    for (i=i_start; i<=i_end; i++)
        value+=a[i]*a[i];
    return sqrt(value/(i_end-i_start+1.0));
}
double diff_norm1D(double *a, double *b, int Nx) {
    double *d, value;

    d = dvector(1, Nx);
    vec_sub(d, a, b, 1, Nx);
    value = norm1D(d, 1, Nx);
    free_dvector(d, 1, Nx);
    return value;
}
void init_data(double *oc) {
   int i;

    for (i=1;i<=Nx;i++) {
        oc[i]=0.2*(1.0-2.0*rand()/(double)RAND_MAX);}
}
void source(double *oc, double *f) {
   int i;
```

제 2 절 비선형 멀티그리드 방법

```
    for (i=1; i<=Nx; i++) {
        f[i] = oc[i]/dt + oc[i];}
}
void restrict1D(double *cf, double *cc, int Nxc) {
    int i;

    for (i=1; i<=Nxc; i++) {
        cc[i] = 0.5*(cf[2*i-1] + cf[2*i]);}
}
void prolong1D(double *cc,double *cf, int Nxc) {
   int i;

   for (i=1; i<=Nxc; i++) {
       cf[2*i-1]=cc[i];
       cf[2*i]=cc[i];}
}
double Lap(double *c, int i, int Nxt) {
    double ht, dcdx_L=0.0, dcdx_R=0.0;

    ht = (xright - xleft)/(double)Nxt;
    if (i > 1)
        dcdx_L = (c[i] - c[i-1])/ht;
    if (i < Nxt)
        dcdx_R = (c[i+1] - c[i])/ht;
    return (dcdx_R - dcdx_L)/ht;
}
void nonL(double *NSO, double *nc, int Nxt) {
   int i;

   for (i=1; i<=Nxt; i++) {
     NSO[i]=nc[i]/dt+pow(nc[i],3)-Cahn*Lap(nc, i, Nxt);}
```

```
}
void csource(double *fc, double *cf_new, double *ff,
             double *cc_new, int Nxc) {
    double *NSO, *NSOC, *defectf, *defectc;

    NSO = dvector(1, 2*Nxc);
    NSOC = dvector(1, Nxc);
    defectf = dvector(1, 2*Nxc);
    defectc = dvector(1, Nxc);
    nonL(NSO, cf_new, 2*Nxc);
    nonL(NSOC, cc_new, Nxc);
    vec_sub(defectf, ff, NSO, 1, 2*Nxc);
    restrict1D(defectf, defectc, Nxc);
    vec_add(fc, defectc, NSOC,1, Nxc);
    free_dvector(NSO, 1, 2*Nxc);
    free_dvector(NSOC, 1, Nxc);
    free_dvector(defectf, 1, 2*Nxc);
    free_dvector(defectc, 1, Nxc);
}
void relaxGS(double *nc, double *f, int Nxt) {
    int i, iter;
    double ht2, coeff, sor;

    ht2 = pow((xright - xleft)/(double) Nxt,2.0);
    for(iter=1; iter<=n_relax; iter++) {
        for(i=1; i<=Nxt; i++) {
            coeff = 1.0/dt + 3.0*pow(nc[i],2);
            sor = f[i] + 2.0*pow(nc[i],3);
            if (i>1) {
                coeff += Cahn/ht2;
                sor += Cahn*nc[i-1]/ht2;}
```

제 2 절   비선형 멀티그리드 방법

```
            if (i<Nxt) {
                coeff += Cahn/ht2;
                sor += Cahn*nc[i+1]/ht2;}
            nc[i] = sor/coeff;}
    }
}
void print_vector(FILE* fpt,double *a,int nl,int nh) {
    int i;

    for (i=nl; i<=nh; i++) {
        fprintf(fpt,"%16.14f \n",a[i]);}
}
void vcycle(double *cf_new, double *ff, int Nxf, int ilevel) {

    relaxGS(cf_new, ff, Nxf);
    if (ilevel > 0) {
        int Nxc = Nxf/2;
        double *cc_new, *fc, *wcc_new, *correct_c;

        cc_new = dvector(1, Nxc);
        fc = dvector(1, Nxc);
        wcc_new = dvector(1, Nxc);
        correct_c = dvector(1, Nxf);
        restrict1D(cf_new, cc_new, Nxc);
        csource(fc, cf_new, ff, cc_new, Nxc);
        vec_copy(wcc_new, cc_new, 1, Nxc);
        vcycle(wcc_new, fc, Nxc, ilevel - 1);
        vec_sub(wcc_new, wcc_new, cc_new, 1, Nxc);
        prolong1D(wcc_new, correct_c, Nxc);
        vec_add(cf_new, cf_new, correct_c, 1, Nxf);
        relaxGS(cf_new, ff, Nxf);
```

```c
            free_dvector(cc_new, 1, Nxc);
            free_dvector(fc, 1, Nxc);
            free_dvector(wcc_new, 1, Nxc);
            free_dvector(correct_c, 1, Nxf);}
}
int main() {
    extern int Nx, n_level, n_relax, k;
    extern double dt, h, h2, xleft, xright, Cahn, gam;
    char buffer[20], buffermu[20];
    int n, ns, max_it, it_MG, max_it_MG;
    double T, tol, error, *nc, *oc, *c_tmp, *f;
    FILE *fpt;

    xleft = 0.0; xright = 1.0;  Nx = 128;
    h = (xright - xleft)/Nx; h2 = pow(h,2);
    gam = 4.0*h/(2*sqrt(2.0)*atanh(0.9)); Cahn = pow(gam,2);
    T = 10.0; max_it  = 100; dt = T/max_it; ns = max_it/5;
    n_relax = 3; max_it_MG = 100; tol = 1.0e-7;
    n_level=(int)(log(Nx)/log(2.0)+0.1)-1;
    oc = dvector(1, Nx);
    nc = dvector(1, Nx);
    c_tmp = dvector(1, Nx);
    f = dvector(1, Nx);
    init_data(nc);
    sprintf(buffer,"AC1D.m");
    fpt = fopen(buffer,"w");
    print_vector(fpt, nc, 1, Nx);

     for (n=1; n<=max_it; n++) {
         vec_copy(oc, nc, 1, Nx);
         source(oc, f);
```

제 2 절   비선형 멀티그리드 방법

```
        it_MG = 0; error = 2.0*tol;
    vec_copy(c_tmp, nc, 1, Nx);
    while (it_MG<=max_it_MG && error>tol) {
        vcycle(nc, f, Nx, n_level);
        error = diff_norm1D(c_tmp, nc, Nx);
        vec_copy(c_tmp, nc, 1, Nx); it_MG++;}
    printf("n = %3d MG iterations = %d error = %16.14f\n",
            n, it_MG, error);
   if (n % ns == 0) {
    print_vector(fpt, nc, 1, Nx);}
   }
  fclose(fpt);
  return 0;
}
```

다음 MATLAB 코드는 [1.8 그림]의 시각적 결과를 볼 수 있는 코드입니다.

```
clear; clf; hold on;
A=load('./AC1D.m');
Nx=128; h=1/Nx; x=linspace(0.5*h, 1-0.5*h, Nx);
m=length(A)/Nx;
for i=1:m
    plot(x,A(1+(i-1)*Nx:i*Nx),'k','linewidth',1);
end
set(gca, 'xtick', [0 0.5 1]); set(gca, 'ytick', [-1 0 1]);
set(gca, 'fontsize', 25); axis([0 1 -1 1])
text('Interpreter', 'latex','String', '$\phi$',...
    'Position' ,[-0.07 0.7],'FontSize', 30)
text('Interpreter', 'latex','String' ,'$x$',...
    'Position' ,[0.75 -1.15],'FontSize', 30)
```

2장

나비어–스톡스 방정식(Navier–Stokes equation)

이번 장에서는 3차원 나비어–스톡스 방정식(Navier–Stokes equation)의 유도과정을 알아보겠습니다.

제 1 절 나비어–스톡스 방정식의 유도과정

3차원 공간에서 나비어–스톡스 방정식은 다음과 같습니다.

$$\nabla \cdot \mathbf{u} = 0, \tag{2.1}$$

$$\rho \left(\frac{\partial \mathbf{u}}{\partial t} + \mathbf{u} \cdot \nabla \mathbf{u} \right) = -\nabla p + \eta \Delta \mathbf{u}. \tag{2.2}$$

여기서 $\mathbf{u} = (u, v, w) = (u(x,y,z,t), v(x,y,z,t), w(x,y,z,t))$는 위치 (x,y,z)에서의 유체의 속도장, ρ는 유체의 밀도, p는 유체의 압력 분포, η는 유체의 점성입니다. 유도의 간편화를 위해 유체의 밀도와 유체의 점성을 상수라고 가정하고 속도장의 경계조건은 경계에서의 유체가 경계에 대해 0의 속도를 갖는 미끄럼 방지조건입니다. 다음의 [2.1 그림]과 같이 (x,y,z)가 중심이고 각 x축, y축, z축에 대한 각 변의 길이가 dx, dy, dz인 하나의 작은 제어 체적(control volume)을 생각해보겠습니다.

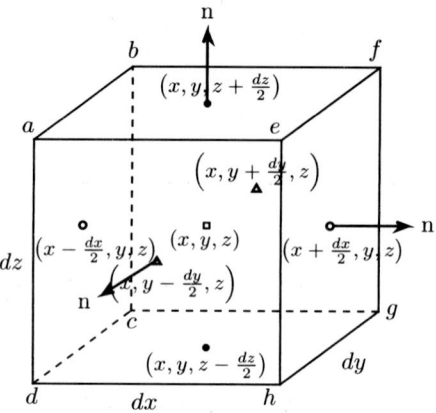

그림 2.1: 각 변이 dx, dy, dz인 유체 요소의 제어 체적(control volume).

이때 각 u, v, w에 대하여 1차 테일러 전개를 하면 다음과 같은 식을 얻을 수 있습니다.

$$u\left(x \pm \frac{dx}{2}, y, z, t\right) = u(x, y, z, t) \pm \frac{\partial u}{\partial x}(x, y, z, t)\frac{dx}{2}, \tag{2.3}$$

$$v\left(x, y \pm \frac{dy}{2}, z, t\right) = v(x, y, z, t) \pm \frac{\partial v}{\partial y}(x, y, z, t)\frac{dy}{2}, \tag{2.4}$$

$$w\left(x, y, z \pm \frac{dz}{2}, t\right) = w(x, y, z, t) \pm \frac{\partial w}{\partial z}(x, y, z, t)\frac{dz}{2}. \tag{2.5}$$

그러면 Ω에서 질량의 변화율은 다음과 같습니다.

$$\begin{aligned}
\frac{d}{dt}\int_\Omega \rho dxdydz &= -\int_{\partial\Omega} \rho \mathbf{u}\cdot\mathbf{n}\, dS \\
&= -\left[\rho\left(u+\frac{\partial u}{\partial x}\frac{dx}{2}\right)dydz - \rho\left(u-\frac{\partial u}{\partial x}\frac{dx}{2}\right)dydz + \rho\left(v+\frac{\partial v}{\partial y}\frac{dy}{2}\right)dxdz \right.\\
&\quad \left. -\rho\left(v-\frac{\partial v}{\partial y}\frac{dy}{2}\right)dxdz + \rho\left(w+\frac{\partial w}{\partial z}\frac{dz}{2}\right)dxdy - \rho\left(w-\frac{\partial w}{\partial z}\frac{dz}{2}\right)dxdy\right] \\
&= -\rho\left(\frac{\partial u}{\partial x}+\frac{\partial v}{\partial y}+\frac{\partial w}{\partial z}\right)dxdydz = -\rho\nabla\cdot\mathbf{u}\,dxdydz. \tag{2.6}
\end{aligned}$$

여기서 $\mathbf{n}$은 [2.1 그림]에 있는 것처럼 각 점을 포함하는 면에서의 바깥 방향으로 향하는 단위 법벡터입니다. (2.6) 식에서 제어 체적의 내부에서는 유체의

제 1 절 나비어-스톡스 방정식의 유도과정

비압축성과 질량이 보존되어야 하므로 $\nabla \cdot \mathbf{u} = 0$이 됩니다. 제어 체적은 유체와 함께 움직이는 고정된 질량을 포함하고 있으므로 운동량의 시간적 변화율은 질량과 가속도의 곱으로 표현할 수 있습니다. 여기서 가속도는 물질 미분으로 계산됩니다. 따라서 운동량의 시간적 변화율은 다음의 식이 됩니다.

$$\rho dxdydz \frac{D\mathbf{u}}{Dt} = \rho dxdydz \left(\frac{\partial \mathbf{u}}{\partial t} + u\frac{\partial \mathbf{u}}{\partial x} + v\frac{\partial \mathbf{u}}{\partial y} + w\frac{\partial \mathbf{u}}{\partial z} \right). \tag{2.7}$$

편의를 위하여 중력과 같은 체적력은 고려하지 않는다고 하면 $dxdydz$ 큐브에서 압력, 점성 응력을 포함하여 모든 x, y, z 방향으로의 작용하는 힘을 생각해 보면 각 방향으로의 알짜 힘(net force)은 다음과 같습니다.

$$\begin{aligned} dF_{x,\,net} &= \left(\sigma_{xx} + \frac{\partial \sigma_{xx}}{\partial x}\frac{dx}{2} \right) dydz - \left(\sigma_{xx} - \frac{\partial \sigma_{xx}}{\partial x}\frac{dx}{2} \right) dydz + \left(\tau_{yx} + \frac{\partial \tau_{yx}}{\partial x}\frac{dy}{2} \right) dxdz \\ &\quad - \left(\tau_{yx} - \frac{\partial \tau_{yx}}{\partial x}\frac{dy}{2} \right) dxdz + \left(\tau_{zx} + \frac{\partial \tau_{zx}}{\partial x}\frac{dz}{2} \right) dxdy - \left(\tau_{zx} - \frac{\partial \tau_{zx}}{\partial x}\frac{dz}{2} \right) dxdy \\ &= \left(\frac{\partial \sigma_{xx}}{\partial x} + \frac{\partial \tau_{yx}}{\partial x} + \frac{\partial \tau_{zx}}{\partial x} \right) dxdydz, \end{aligned} \tag{2.8}$$

$$dF_{y,\,net} = \left(\frac{\partial \sigma_{yy}}{\partial y} + \frac{\partial \tau_{xy}}{\partial y} + \frac{\partial \tau_{zy}}{\partial y} \right) dxdydz, \tag{2.9}$$

$$dF_{z,\,net} = \left(\frac{\partial \sigma_{zz}}{\partial z} + \frac{\partial \tau_{xz}}{\partial z} + \frac{\partial \tau_{yz}}{\partial z} \right) dxdydz. \tag{2.10}$$

뉴턴 유체에서 점성은 유체의 속도변형률에 비례하므로 전단 응력은 다음과 같습니다.

$$\tau_{xy} = \tau_{yx} = \eta \left(\frac{\partial u}{\partial y} + \frac{\partial v}{\partial x} \right), \tag{2.11}$$

$$\tau_{xz} = \tau_{zx} = \eta \left(\frac{\partial u}{\partial z} + \frac{\partial w}{\partial x} \right), \tag{2.12}$$

$$\tau_{yz} = \tau_{zy} = \eta \left(\frac{\partial v}{\partial z} + \frac{\partial w}{\partial y} \right). \tag{2.13}$$

그리고 인장 응력은 다음과 같습니다.

$$\sigma_{xx} = -p + \tau_{xx} = -p + 2\eta \frac{\partial u}{\partial x}, \tag{2.14}$$

$$\sigma_{yy} = -p + \tau_{yy} = -p + 2\eta \frac{\partial v}{\partial y}, \qquad (2.15)$$

$$\sigma_{zz} = -p + \tau_{zz} = -p + 2\eta \frac{\partial w}{\partial z}. \qquad (2.16)$$

[2.2 그림]에서 τ_{ij}는 i 방향에 수직인 표면에서 응력 성분이 j 방향으로 작용하는 전단 응력을 나타냅니다.

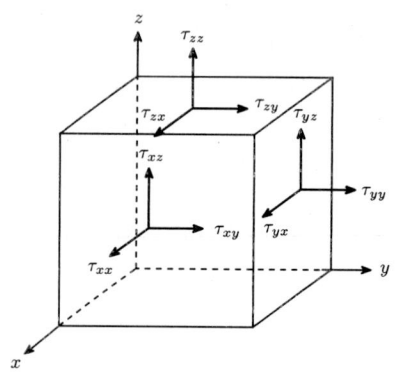

그림 2.2: 제어 체적의 면에 있는 응력 성분.

운동량의 시간에 대한 변화율 (2.7)을 각 방향의 알짜 힘 (2.8)–(2.10)과 같다고 하면 다음과 같은 식을 얻습니다.

$$\rho \left(\frac{\partial u}{\partial t} + u\frac{\partial u}{\partial x} + v\frac{\partial u}{\partial y} + w\frac{\partial u}{\partial z} \right) = \frac{\partial \sigma_{xx}}{\partial x} + \frac{\partial \tau_{yx}}{\partial y} + \frac{\partial \tau_{zx}}{\partial z}, \qquad (2.17)$$

$$\rho \left(\frac{\partial v}{\partial t} + u\frac{\partial v}{\partial x} + v\frac{\partial v}{\partial y} + w\frac{\partial v}{\partial z} \right) = \frac{\partial \sigma_{yy}}{\partial y} + \frac{\partial \tau_{xy}}{\partial x} + \frac{\partial \tau_{zy}}{\partial z}, \qquad (2.18)$$

$$\rho \left(\frac{\partial w}{\partial t} + u\frac{\partial w}{\partial x} + v\frac{\partial w}{\partial y} + w\frac{\partial w}{\partial z} \right) = \frac{\partial \sigma_{zz}}{\partial z} + \frac{\partial \tau_{xz}}{\partial x} + \frac{\partial \tau_{yz}}{\partial y}. \qquad (2.19)$$

그리고 (2.11)–(2.16) 식을 (2.17)–(2.19) 식에 대입하면 다음과 같은 나비어–스톡스 방정식을 얻을 수 있습니다.

$$\rho \left(\frac{\partial u}{\partial t} + u\frac{\partial u}{\partial x} + v\frac{\partial u}{\partial y} + w\frac{\partial u}{\partial z} \right) = -\frac{\partial p}{\partial x} + \eta \left(\frac{\partial^2 u}{\partial x^2} + \frac{\partial^2 u}{\partial y^2} + \frac{\partial^2 u}{\partial z^2} \right), \qquad (2.20)$$

$$\rho \left(\frac{\partial v}{\partial t} + u\frac{\partial v}{\partial x} + v\frac{\partial v}{\partial y} + w\frac{\partial v}{\partial z} \right) = -\frac{\partial p}{\partial y} + \eta \left(\frac{\partial^2 v}{\partial x^2} + \frac{\partial^2 v}{\partial y^2} + \frac{\partial^2 v}{\partial z^2} \right), \qquad (2.21)$$

제 1 절 나비어-스톡스 방정식의 유도과정

$$\rho\left(\frac{\partial w}{\partial t} + u\frac{\partial w}{\partial x} + v\frac{\partial w}{\partial y} + w\frac{\partial w}{\partial z}\right) = -\frac{\partial p}{\partial z} + \eta\left(\frac{\partial^2 w}{\partial x^2} + \frac{\partial^2 w}{\partial y^2} + \frac{\partial^2 w}{\partial z^2}\right). \quad (2.22)$$

1.1 나비어-스톡스 방정식의 무차원화

나비어-스톡스 방정식의 무차원화는 매개변수의 수를 줄이고 다양한 항에 대한 통찰력을 얻는 것에 도움을 줍니다. 나비어-스톡스 방정식의 무차원화를 위해 다음과 같은 무차원 변수들을 정의합니다.

$$\mathbf{x}' = (x', y', z') = \frac{\mathbf{x}}{L_c} = \left(\frac{x}{L_c}, \frac{y}{L_c}, \frac{z}{L_c}\right), \quad \mathbf{u}' = (u', v', w') = \frac{\mathbf{u}}{U_c} = \left(\frac{u}{U_c}, \frac{v}{U_c}, \frac{w}{U_c}\right).$$
$$t' = \frac{tU_c}{L_c}, \quad p' = \frac{p}{\rho U_c^2},$$

여기서 L_c는 특성 길이이고 U_c는 특성 속도입니다. 위의 식들에 의하여 다음의 식들을 얻을 수 있습니다.

$$\frac{\partial}{\partial t} = \frac{\partial}{\partial t'}\frac{\partial t'}{\partial t} = \frac{U_c}{L_c}\frac{\partial}{\partial t'}, \quad \frac{\partial}{\partial x} = \frac{\partial}{\partial x'}\frac{\partial x'}{\partial x} = \frac{1}{L_c}\frac{\partial}{\partial x'}, \quad (2.23)$$

$$\frac{\partial}{\partial y} = \frac{\partial}{\partial y'}\frac{\partial y'}{\partial y} = \frac{1}{L_c}\frac{\partial}{\partial y'}, \quad \frac{\partial}{\partial z} = \frac{\partial}{\partial z'}\frac{\partial z'}{\partial z} = \frac{1}{L_c}\frac{\partial}{\partial z'}, \quad (2.24)$$

$$\frac{\partial^2}{\partial x^2} = \frac{1}{L_c^2}\frac{\partial^2}{\partial x'^2}, \quad \frac{\partial^2}{\partial y^2} = \frac{1}{L_c^2}\frac{\partial^2}{\partial y'^2}, \quad \frac{\partial^2}{\partial z^2} = \frac{1}{L_c^2}\frac{\partial^2}{\partial z'^2}. \quad (2.25)$$

(2.23)-(2.25) 식을 (2.20) 식에 대입하면 다음을 얻을 수 있습니다.

$$\rho\left(\frac{U_c}{L_c}\frac{\partial(U_c u')}{\partial t'} + \frac{U_c u'}{L_c}\frac{\partial(U_c u')}{\partial x'} + \frac{U_c v'}{L_c}\frac{\partial(U_c u')}{\partial y'} + \frac{U_c w'}{L_c}\frac{\partial(U_c u')}{\partial z'}\right) \quad (2.26)$$
$$= -\frac{1}{L_c}\frac{\partial(\rho U_c^2 p')}{\partial x'} + \eta\left(\frac{1}{L_c^2}\frac{\partial^2(U_c u')}{\partial x'^2} + \frac{1}{L_c^2}\frac{\partial^2(U_c u')}{\partial y'^2} + \frac{1}{L_c^2}\frac{\partial^2(U_c u')}{\partial z'^2}\right).$$

(2.26) 식은 다음과 같이 정리할 수 있습니다.

$$\frac{\partial u'}{\partial t'} + u'\frac{\partial u'}{\partial x'} + v'\frac{\partial u'}{\partial y'} + w'\frac{\partial u'}{\partial z'} = -\frac{\partial p'}{\partial x'} + \frac{\eta}{\rho U_c L_c}\left(\frac{\partial^2 u'}{\partial x'^2} + \frac{\partial^2 u'}{\partial y'^2} + \frac{\partial^2 u'}{\partial z'^2}\right).$$

유사하게, v', w'에 대하여 다음과 같은 식들을 얻을 수 있습니다.

$$\frac{\partial v'}{\partial t'} + u'\frac{\partial v'}{\partial x'} + v'\frac{\partial v'}{\partial y'} + w'\frac{\partial v'}{\partial z'} = -\frac{\partial p'}{\partial y'} + \frac{\eta}{\rho U_c L_c}\left(\frac{\partial^2 v'}{\partial x'^2} + \frac{\partial^2 v'}{\partial y'^2} + \frac{\partial^2 v'}{\partial z'^2}\right),$$

$$\frac{\partial w'}{\partial t'} + u'\frac{\partial w'}{\partial x'} + v'\frac{\partial w'}{\partial y'} + w'\frac{\partial w'}{\partial z'} = -\frac{\partial p'}{\partial z'} + \frac{\eta}{\rho U_c L_c}\left(\frac{\partial^2 w'}{\partial x'^2} + \frac{\partial^2 w'}{\partial y'^2} + \frac{\partial^2 w'}{\partial z'^2}\right).$$

마지막으로 $'$를 지우면 다음과 같은 무차원 나비어-스톡스 방정식을 얻을 수 있습니다.

$$\nabla \cdot \mathbf{u} = 0,$$
$$\frac{\partial \mathbf{u}}{\partial t} + \mathbf{u} \cdot \nabla \mathbf{u} = -\nabla p + \frac{1}{Re}\Delta \mathbf{u}.$$

여기서 Re는 $Re = \rho U_c L_c / \eta$로 정의되는 레이놀즈 수입니다. 레이놀즈 수는 유체의 관성에 의한 힘과 점성에 의한 힘의 상대적인 역학관계를 정량화한 것입니다. 일정한 밀도를 갖는 비압축성 유체는 다음을 만족하는 유체로 정의됩니다.

$$\frac{D\rho}{Dt} = \frac{\partial \rho}{\partial t} + \frac{\partial \rho}{\partial x}u + \frac{\partial \rho}{\partial y}v + \frac{\partial \rho}{\partial z}w = \frac{\partial \rho}{\partial t} + \nabla \rho \cdot \mathbf{u} = -\rho \nabla \cdot \mathbf{u} = 0. \quad (2.27)$$

일정한 밀도를 갖는 유체는 비압축성 유체가 됩니다. 하지만 일정한 밀도를 갖고 있지 않더라도 $D\rho/Dt = 0$라면 유체는 비압축성 유체입니다. 예를 들어 유체의 속도장이 $\mathbf{u} = (x^3+2zx, y^3-3x^2y, -z^2-3y^2z)$라면 $D\rho/Dt = -\rho\nabla\cdot\mathbf{u} = 0$이므로 유체는 비압축성 유체가 됩니다.

3장

2차원 나비어–스톡스 방정식(Navier–Stokes equation)

이번 장에서는 2차원 나비어–스톡스 방정식 계산을 위한 투영법을 제시합니다. 1967년 Alexandre Chorin에 의해 처음 소개된 투영법은 시간에 따른 비압축성 유체 유동을 수학적 방정식으로 모델링한 나비어–스톡스 방정식의 근사해를 구하기 위한 효과적인 수치방법입니다. 운동량과 연속 방정식을 동시에 계산하는 것은 계산이 어렵고 계산 비용이 많이 듭니다. 투영법의 주요 장점은 동시 계산을 하지 않는다는 것입니다. 그 대신, 압력장을 먼저 푼 다음에, 발산이 없는 속도장을 풀어 문제를 해결합니다. 이번 장의 마지막에는, 덮개–구동 캐비티(cavity) 내부의 유동에 대한 수치 해를 보여줍니다.

제 1 절 나비어–스톡스 방정식

2차원 비압축성 유체 유동에 대한 지배 방정식, 나비어–스톡스 방정식은 다음과 같습니다.

$$\frac{\partial \mathbf{u}(x,y,t)}{\partial t} + \mathbf{u}(x,y,t) \cdot \nabla \mathbf{u}(x,y,t) = -\nabla p(x,y,t) + \frac{1}{Re}\Delta \mathbf{u}(x,y,t), \quad (3.1)$$

$$\nabla \cdot \mathbf{u}(x,y,t) = 0. \quad (3.2)$$

여기서, $\mathbf{u}(x,y,t) = (u(x,y,t), v(x,y,t))$이고 $\mathbf{u}(x,y,t) \cdot \nabla \mathbf{u}$ 와 $\nabla \cdot \mathbf{u}$는 각각 다음과 같이 표현됩니다.

$$\mathbf{u} \cdot \nabla \mathbf{u} = (u \ v) \cdot \begin{pmatrix} u_x & v_x \\ u_y & v_y \end{pmatrix} = (uu_x + vu_x \ \ uv_x + vv_y),$$

$$\nabla \cdot \mathbf{u} = u_x + v_y.$$

따라서 (3.1) 식과 (3.2) 식은 다음과 같이 쓸 수 있습니다.

$$u_t(x,y,t) = -(u(x,y,t)u_x(x,y,t) + v(x,y,t)u_x(x,y,t)) - p_x(x,y,t) \quad (3.3)$$
$$+ \frac{1}{Re}\Delta u(x,y,t),$$
$$v_t(x,y,t) = -(u(x,y,t)v_x(x,y,t) + v(x,y,t)v_y(x,y,t)) - p_y(x,y,t) \quad (3.4)$$
$$+ \frac{1}{Re}\Delta v(x,y,t),$$
$$u_x(x,y,t) + v_y(x,y,t) = 0. \quad (3.5)$$

1.1 나비어-스톡스 방정식 수치 계산

투영법의 기본 아이디어는 Helmholtz–Hodge 분해를 기반으로 합니다. 벡터장은 발산이 없는 벡터장과 컬이 없는 벡터장으로 유일하게 분해될 수 있습니다. 투영법 알고리즘은 두 단계로 구성되어 있습니다. 첫 번째 단계에서는 일반적으로 발산 없는 조건을 만족하지 않는 중간 속도가 분해됩니다. 두 번째 단계에서 중간 속도는 발산이 없는 다음 시간 단계의 속도와 압력장으로 분해됩니다.

직교 좌표계에서 격자 간격이 균일하게 h가 되는 계산영역을 생각해봅시다. 각 셀의 중심은 $i = 1, \ldots, N_x$와 $j = 1, \ldots, N_y$에 대하여 $(x_i, y_j) = ((i-0.5)h, (j-0.5)h)$로 정의합니다. 여기서 N_x와 N_y는 x와 y축 방향으로의 셀의 개수가 됩니다. 그러면 셀의 꼭지점은 $(x_{i+\frac{1}{2}}, y_{j+\frac{1}{2}})$에 위치하게 됩니다. Harlow와 Welch [15]의 staggered marker-and-cell(MAC) 메쉬는 압력을 셀 중심에 저장하고 속도는 셀 경계에 저장하는 데에 사용됩니다. [3.1 그림]에 두 개의 엇갈린 그리드가 그려져 있습니다.

각각의 시간 간격의 시작 부분에서 주어진 $\mathbf{u}^n$에 대해서, 다음의 시간 이산화 방정식의 해가 되는 $\mathbf{u}^{n+1}$과 p^{n+1}을 구하는 것이 목적입니다. [3.1 그림]과

제 1 절 나비어-스톡스 방정식

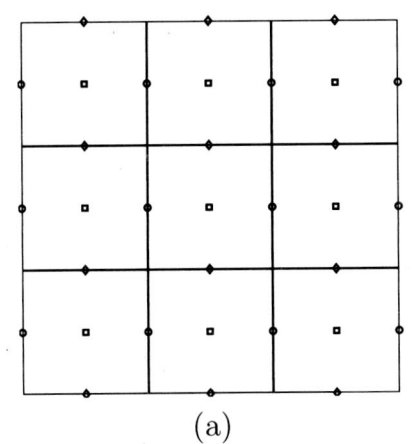
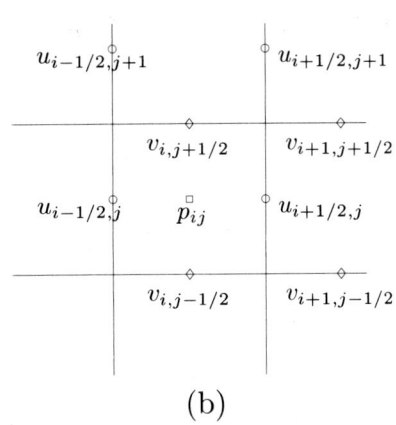

그림 3.1: 속도는 셀 경계에서 정의되고 압력은 셀 중심에서 정의됩니다.

같은 그리드를 (3.3)-(3.5) 방정식들에 대입하고 u와 v에 대해 정리하면 각각 다음과 같이 쓸 수 있습니다.

$$\frac{u^{n+1}_{i+\frac{1}{2},j} - u^n_{i+\frac{1}{2},j}}{\Delta t} = -(uu_x + vu_y)^n_{i+\frac{1}{2},j} - \nabla^x_d p^{n+1}_{i+\frac{1}{2},j} + \frac{1}{Re}\Delta_d u^n_{i+\frac{1}{2},j}, \quad (3.6)$$

$$\frac{v^{n+1}_{i,j+\frac{1}{2}} - v^n_{i,j+\frac{1}{2}}}{\Delta t} = -(uv_x + vv_y)^n_{i,j+\frac{1}{2}} - \nabla^y_d p^{n+1}_{i,j+\frac{1}{2}} + \frac{1}{Re}\Delta_d v^n_{i,j+\frac{1}{2}}, \quad (3.7)$$

$$u^{n+1}_{i+\frac{1}{2},j} - u^{n+1}_{i-\frac{1}{2},j} + v^{n+1}_{i,j+\frac{1}{2}} - v^{n+1}_{i,j-\frac{1}{2}} = 0. \quad (3.8)$$

여기서

$$\nabla^x_d p^{n+1}_{i+\frac{1}{2},j} = \frac{p^{n+1}_{i+1,j} - p^{n+1}_{ij}}{h}, \quad \nabla^y_d p^{n+1}_{i,j+\frac{1}{2}} = \frac{p^{n+1}_{i,j+1} - p^{n+1}_{ij}}{h}$$

입니다.

나비어-스톡스 방정식을 푸는 알고리즘은 다음과 같습니다.

1 단계) $\mathbf{u}^0$가 발산이 없는 속도장이 되도록 초기화합니다.

2 단계) 일반적으로 비압축성 조건을 만족하지 않는 임시 속도장 $\tilde{\mathbf{u}}$를 압력의 그래디언트 항 없이 풉니다.

$$\frac{\tilde{\mathbf{u}} - \mathbf{u}^n}{\Delta t} = -\mathbf{u}^n \cdot \nabla_d \mathbf{u}^n + \frac{1}{Re}\Delta_d \mathbf{u}^n.$$

명시적 유한 차분법을 사용하여 위의 방정식을 아래과 같이 해결할 수 있습니다.

$$\tilde{u}_{i+\frac{1}{2},j} = u^n_{i+\frac{1}{2},j} - \Delta t(uu_x + vu_y)^n_{i+\frac{1}{2},j}$$
$$+ \frac{\Delta t}{h^2 Re}\left(u^n_{i+\frac{3}{2},j} + u^n_{i-\frac{1}{2},j} - 4u^n_{i+\frac{1}{2},j} + u^n_{i+\frac{1}{2},j+1} + u^n_{i+\frac{1}{2},j-1}\right), \quad (3.9)$$
$$\tilde{v}_{i,j+\frac{1}{2}} = v^n_{i,j+\frac{1}{2}} - \Delta t(uv_x + vv_y)^n_{i,j+\frac{1}{2}}$$
$$+ \frac{\Delta t}{h^2 Re}\left(v^n_{i+1,j+\frac{1}{2}} + v^n_{i-1,j+\frac{1}{2}} - 4v^n_{i,j+\frac{1}{2}} + v^n_{i,j+\frac{3}{2}} + v^n_{i,j-\frac{1}{2}}\right). \quad (3.10)$$

여기서, 이류항 $(uu_x + vu_y)^n_{i+\frac{1}{2},j}$ 과 $(uv_x + vv_y)^n_{i,j+\frac{1}{2}}$ 는 다음과 같이 정의됩니다.

$$(uu_x + vu_y)^n_{i+\frac{1}{2},j} = u^n_{i+\frac{1}{2},j}\bar{u}^n_{x_{i+\frac{1}{2},j}}$$
$$+ \frac{v^n_{i,j-\frac{1}{2}} + v^n_{i+1,j-\frac{1}{2}} + v^n_{i,j+\frac{1}{2}} + v^n_{i+1,j+\frac{1}{2}}}{4}\bar{u}^n_{y_{i+\frac{1}{2},j}}, \quad (3.11)$$

$$(uv_x + vv_y)^n_{i,j+\frac{1}{2}} = \frac{u^n_{i-\frac{1}{2},j} + u^n_{i-\frac{1}{2},j+1} + u^n_{i+\frac{1}{2},j} + u^n_{i+\frac{1}{2},j+1}}{4}\bar{v}^n_{x_{i,j+\frac{1}{2}}}$$
$$+ v^n_{i,j+\frac{1}{2}}\bar{v}^n_{y_{i,j+\frac{1}{2}}}. \quad (3.12)$$

$\bar{u}^n_{x_{i+\frac{1}{2},j}}$ 과 $\bar{u}^n_{y_{i+\frac{1}{2},j}}$ 의 값은 풍상(upwind) 차분법을 이용하여 다음과 같이 계산합니다.

$$\bar{u}^n_{x_{i+\frac{1}{2},j}} = \begin{cases} \frac{u^n_{i+\frac{1}{2},j} - u^n_{i-\frac{1}{2},j}}{h}, & u^n_{i+\frac{1}{2},j} > 0 \text{일 때,} \\ \frac{u^n_{i+\frac{3}{2},j} - u^n_{i+\frac{1}{2},j}}{h}, & \text{그렇지 않을 때,} \end{cases}$$

$$\bar{u}^n_{y_{i+\frac{1}{2},j}} = \begin{cases} \frac{u^n_{i+\frac{1}{2},j} - u^n_{i+\frac{1}{2},j-1}}{h}, & v^n_{i,j-\frac{1}{2}} + v^n_{i+1,j-\frac{1}{2}} + v^n_{i,j+\frac{1}{2}} + v^n_{i+1,j+\frac{1}{2}} > 0 \text{일 때,} \\ \frac{u^n_{i+\frac{1}{2},j+1} - u^n_{i+\frac{1}{2},j}}{h}, & \text{그렇지 않을 때.} \end{cases}$$

또한, $\bar{v}^n_{x_{i,j+\frac{1}{2}}}$ 과 $\bar{v}^n_{y_{i,j+\frac{1}{2}}}$ 도 같은 방식으로 계산됩니다.

제 1 절 나비어-스톡스 방정식

투영법에서, Helmholtz-Hodge 분해를 사용하면 Ω위의 벡터장 $\mathbf{w}$를 다음과 같은 형태로 유일하게 분해할 수 있습니다.

$$\mathbf{w} = \mathbf{u} + \nabla p. \tag{3.13}$$

여기서, $\mathbf{u}$는 무발산이 되고, $\partial\Omega$에서 $\mathbf{u} \cdot \mathbf{n} = 0$가 됩니다. 이 정리에 대한 증명은 다음 절에서 설명됩니다. 이 절에서, 임시 속도장 $\mathbf{w} = \tilde{\mathbf{u}}$에 이 정리를 사용하면

$$\tilde{\mathbf{u}} = \mathbf{u}^{n+1} + \nabla_d(\Delta t p^{n+1}) \tag{3.14}$$

가 됩니다. 그런 다음, $(n+1)$ 시간 단계에서 다음 시간 압력장에 대해 다음의 방정식을 풉니다.

$$\frac{\mathbf{u}^{n+1} - \tilde{\mathbf{u}}}{\Delta t} = -\nabla_d p^{n+1}, \tag{3.15}$$

$$\nabla_d \cdot \mathbf{u}^{n+1} = 0. \tag{3.16}$$

발산 연산자를 (3.15) 식에 적용하면, 다음 시간 $(n+1)$에서의 압력에 대한 푸아송 방정식은 다음과 같게 됩니다.

$$\Delta_d p^{n+1} = \frac{1}{\Delta t} \nabla_d \cdot \tilde{\mathbf{u}}. \tag{3.17}$$

여기서 (3.16) 식을 사용했으며, 각 항들은 다음과 같이 정의됩니다.

$$\Delta_d p^{n+1} = \frac{p_{i+1,j}^{n+1} + p_{i-1,j}^{n+1} - 4p_{ij}^{n+1} + p_{i,j+1}^{n+1} + p_{i,j-1}^{n+1}}{h^2}$$

$$\nabla_d \cdot \tilde{\mathbf{u}}_{ij} = \frac{\tilde{u}_{i+\frac{1}{2},j} - \tilde{u}_{i-\frac{1}{2},j}}{h} + \frac{\tilde{v}_{i,j+\frac{1}{2}} - \tilde{v}_{i,j-\frac{1}{2}}}{h}.$$

압력에 대한 경계조건은

$$\mathbf{n} \cdot \nabla_d p^{n+1} = \mathbf{n} \cdot \left(-\frac{\mathbf{u}^{n+1} - \mathbf{u}^n}{\Delta t} - (\mathbf{u} \cdot \nabla_d \mathbf{u})^n + \frac{1}{Re} \Delta_d \mathbf{u}^n \right)$$

와 같이 적용됩니다. 여기서 **n**은 영역 경계에 대한 단위 법선 벡터입니다. 영역 경계에서 미끄러짐이 없는 경계조건, $\mathbf{n} \cdot \Delta_d \mathbf{u}^n = 0$을 사용하면,

$$\mathbf{n} \cdot \nabla_d p^{n+1} = 0 \tag{3.18}$$

가 됩니다. 제로 노이만 경계조건(zero Neumann boundary condition)이 적용된 (3.17) 푸아송 방정식은 유일한 해를 갖지 않습니다. 대신, 상수 차이를 동일한 해라 가정하면 유일한 해를 갖게 됩니다. 다음과 같이 해를 고유하게 만드는 두 가지 접근 방식 [10, 11]이 있습니다: (1) 특정 점에서 디리클레 조건을 적용하는 것과 (2) 합이 0 이 되도록 하는 방법이 있습니다. 여기서는 두 번째 방법을 사용하면

$$p_{ij}^{n+1} = p_{ij}^{n+1} - \frac{1}{N_x N_y} \sum_{i=1}^{N_x} \sum_{j=1}^{N_y} p_{ij}^{n+1} \tag{3.19}$$

가 됩니다. (3.18) 경계조건이 적용된 이산 선형 시스템은 멀티그리드 방법 [38]을 사용하여 풀게 됩니다. 그 다음 발산 없는 속도 u^{n+1}과 v^{n+1}는 다음과 같이 정의됩니다.

$$\mathbf{u}^{n+1} = \tilde{\mathbf{u}} - \Delta t \nabla_d p^{n+1}, \text{ 즉,}$$
$$u_{i+\frac{1}{2},j}^{n+1} = \tilde{u}_{i+\frac{1}{2},j} - \frac{\Delta t}{h}(p_{i+1,j}^{n+1} - p_{ij}^{n+1}), \quad v_{i,j+\frac{1}{2}}^{n+1} = \tilde{v}_{i,j+\frac{1}{2}} - \frac{\Delta t}{h}(p_{i,j+1}^{n+1} - p_{ij}^{n+1}).$$

이로써 나비어-스톡스 투영법의 시간에 대한 한 단계 풀이가 완료됩니다.

1.2 Helmholtz-Hodge 분해의 유일성

영역 Ω위의 속도장 **w**는 다음과 같은 항으로 유일하게 분해될 수 있습니다.

$$\mathbf{w} = \mathbf{u} + \nabla p. \tag{3.20}$$

여기서 **u**는 무발산을 갖고 $\partial\Omega$위에서 $\mathbf{u} \cdot \mathbf{n} = 0$이 됩니다. (3.20) 방정식의 증명은 다음과 같습니다 [9]. 다음과 같이 p를 노이만 문제의 해로 정의합시다.

$$\Omega \text{에서} \quad \Delta p = \nabla \cdot \mathbf{w}, \quad \partial\Omega \text{에서} \quad \nabla p \cdot \mathbf{n} = \mathbf{w} \cdot \mathbf{n}. \tag{3.21}$$

제 1 절 나비어-스톡스 방정식

여기서 $\mathbf{n}$은 영역 경계에서의 법 벡터입니다. 상수 덧셈을 포함한 해의 존재성과 유일성을 보려면 [3]을 참고하십시오. 그러면

$$\mathbf{u} = \mathbf{w} - \nabla p, \quad \nabla \cdot \mathbf{u} = \nabla \cdot \mathbf{w} - \Delta p = 0, \quad \mathbf{u} \cdot \mathbf{n} = \mathbf{w} \cdot \mathbf{n} - \nabla p \cdot \mathbf{n} = 0 \quad (3.22)$$

가 되고, 이는 존재성을 보여줍니다. 그 다음, 유일성을 보여야 합니다. 유일성을 보이기 위해 $\mathbf{w} = \mathbf{u}_1 + \nabla p_1 = \mathbf{u}_2 + \nabla p_2$를 가정하면,

$$\mathbf{u}_1 - \mathbf{u}_2 + \nabla p_1 - \nabla p_2 = 0 \quad (3.23)$$

을 얻을 수 있습니다. 그리고, (3.23) 식에 $\mathbf{u}_1 - \mathbf{u}_2$로 내적을 취하고 적분하면

$$\int_\Omega |\mathbf{u}_1 - \mathbf{u}_2|^2 \, dV + \int_\Omega (\mathbf{u}_1 - \mathbf{u}_2) \cdot (\nabla p_1 - \nabla p_2) \, dV = 0 \quad (3.24)$$

을 얻을 수 있습니다. $\mathbf{u}$에 대해 $\nabla \cdot \mathbf{u}$, 발산정리, 그리고 경계조건을 사용하면 다음 식이 됩니다.

$$\int_\Omega \mathbf{u} \cdot \nabla p \, dV = \int_\Omega [\nabla \cdot (p\mathbf{u}) - p \nabla \cdot \mathbf{u}] \, dV = \int_{\partial \Omega} p \mathbf{u} \cdot \mathbf{n} dS = 0. \quad (3.25)$$

따라서, (3.24) 식은

$$\int_\Omega |\mathbf{u}_1 - \mathbf{u}_2|^2 \, dV = 0 \quad (3.26)$$

가 됩니다. 결과적으로 $\mathbf{u}_1 = \mathbf{u}_2$와 $\nabla p_1 = \nabla p_2$라는 결과를 얻습니다.

1.3 선형 멀티그리드 V-사이클 알고리즘

이 절에서는 (3.17) 이산 시스템을 풀기 위한 방법으로 선형 멀티그리드 방법 알고리즘을 소개합니다. 단일 V-사이클 단계를 명확히 설명하기 위해, 8×8 격자에서의 수치해를 생각해봅시다. 먼저, $\Omega = (0,1) \times (0,1)$에서 다음과 같은 이산 계산영역 $\Omega_3, \Omega_2, \Omega_1$ 을 다음과 같이 정의합니다.

$$\Omega_k = \{(x_{k,i} = (i-0.5)h_k, y_{k,j} = (j-0.5)h_k) | 1 \leq i,j \leq 2^{k+1} \text{ 그리고 } h_k = 2^{3-k}h\}.$$

Ω_{k-1}은 Ω_k보다 2배 더 성긴 구조를 갖게 됩니다. (3.17) 이산 방정식의 멀티그리드 해는 메쉬 계층 ($\Omega_3, \Omega_2, \Omega_1, \Omega_0$)을 사용합니다. 이는 [3.2 그림]에 보이는 것과 같이 원래의 메쉬 Ω_3로 부터 성기게 만들어졌습니다. 멀티그리드 방식에서 점별 가우스-세이델 스무싱 방식은 스무싱으로 사용됩니다. (3.17) 식을 멀티그리드로 푸는 알고리즘은 다음과 같습니다. (3.17) 식을 다시 쓰면 다음과 같은 형태가 됩니다.

$$L_3(p_{3,ij}^{n+1}) = f_{3,ij}, \quad \text{on } \Omega_3. \tag{3.27}$$

여기서,

$$L_3(p_{3,ij}^{n+1}) = \Delta_d p_{3,ij}^{n+1} \text{ 그리고 } f_{3,ij} = \frac{1}{\Delta t}\nabla_d \cdot \tilde{\mathbf{u}}_{3,ij}^n$$

가 됩니다.

스무싱 반복 전후, 주어진 v_1과 v_2에 대하여 V-사이클을 사용하는 멀티그리드 방법의 반복 단계는 다음과 같은 공식으로 쓰입니다 [38]. 즉, 초기조건 p_3^0를 시작으로, $n = 1, 2, \ldots$에 대하여 p_3^n을 찾는 것입니다. 주어진 p_3^n에 대해 (3.17) 식을 만족하는 p_3^{n+1}를 찾을 것입니다. 멀티그리드 사이클의 맨 처음에 이전 시간 단계의 해가 멀티그리드 단계에 대한 초기 추측을 제공하는 데 사용됩니다. 먼저, $p_3^{n+1,0} = p_3^n$이라고 합시다.

<u>멀티그리드 사이클</u>

$$p_k^{n+1,m+1} = MGcycle(k, p_k^{n+1,m}, L_k, f_k, \nu).$$

즉, $p_k^{n+1,m}$과 $p_k^{n+1,m+1}$은 멀티그리드 사이클 전후의 p_k^{n+1}의 근사치입니다.
1 단계) **프리-스무싱(Pre-smoothing)**

$$\bar{p}_k^{n+1,m} = SMOOTH^\nu(p_k^{n+1,m}, L_k, f_k)$$

는 근삿값 $\bar{p}_k^{n+1,m}$를 구하기 위해 v_1 초기 근삿값 $p_k^{n+1,m}$과 소스 항 f_k, $SMOOTH$ 스무싱 연산자를 사용한 ν 스무싱을 수행한 것입니다. 여기서, 2차원 스무싱 연산자를 유도합니다. 이제 가우스-세이델 연산자를 유도합니다. 먼저,

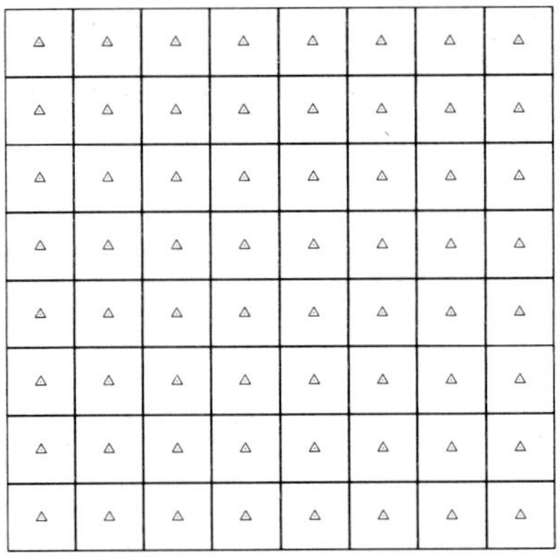

제 1 절 나비어-스톡스 방정식

(a) Ω_2 (8 × 8) h

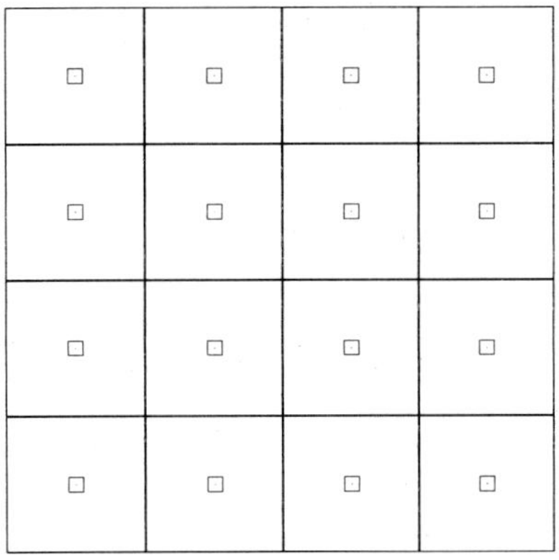

(b) Ω_1 (4 × 4) $2h$

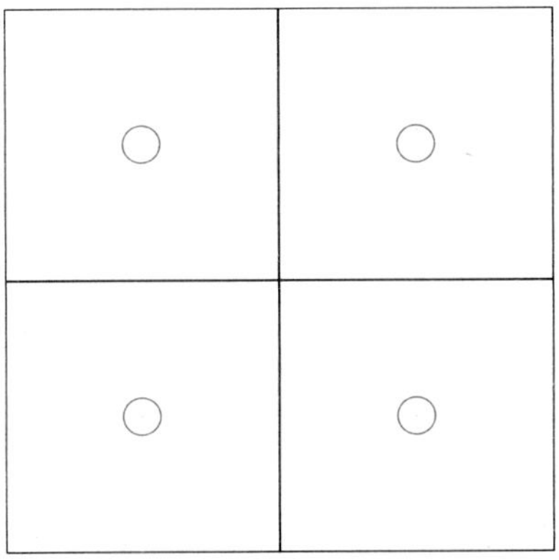

(c) Ω_0 (2 × 2) $4h$

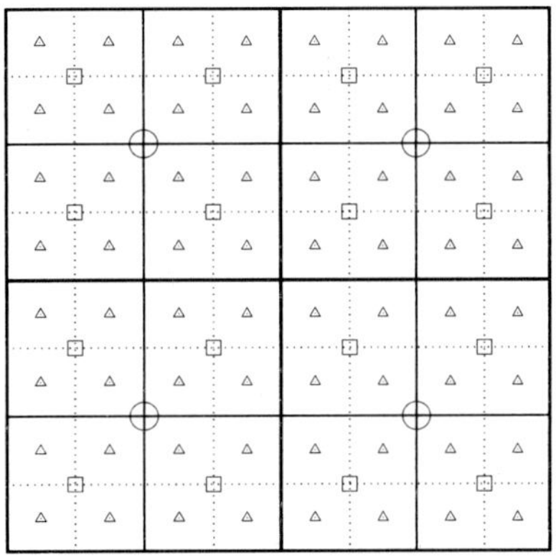

(d)

그림 3.2: (a), (b), (c)는 $h = L/N_x$로 시작하는 성긴 격자의 나열입니다. (d)는 세 개의 격자 Ω_2, Ω_1, Ω_0를 합쳐서 표현한 것입니다.

(3.27) 식을 다음과 같이 다시 쓸 수 있습니다.

$$p^{n+1}_{k,ij} = \left[-f_{k,ij} + \frac{p^{n+1}_{k,i+1,j} + p^{n+1}_{k,i-1,j} + p^{n+1}_{k,i,j-1} + p^{n+1}_{k,i,j-1}}{h^2}\right] \bigg/ \left(\frac{4}{h^2}\right). \quad (3.28)$$

만약 ($\alpha < i$)이거나 ($\alpha = i$, $\beta \leq j$)면 (3.28) 방정식의 $p^{n+1}_{k,\alpha\beta}$에 $\bar{p}^{n+1,m}_{k,\alpha\beta}$를, 그렇지 않다면 $\bar{p}^{n+1,m}_{k,\alpha\beta}$를 대입합니다. 즉,

$$\bar{p}^{n+1,m}_{k,ij} = \left[-f_{k,ij} + \frac{p^{n+1,m}_{k,i+1,j} + \bar{p}^{n+1,m}_{k,i-1,j} + p^{n+1,m}_{k,i,j+1} + \bar{p}^{n+1,m}_{k,i,j-1}}{h^2}\right] \bigg/ \left(\frac{4}{h^2}\right) \quad (3.29)$$

가 됩니다. 따라서, 멀티그리드 사이클에서, 하나의 스무싱 연산자 단계는 $1 \leq i \leq 2^{k-3}N_x$ 및 $1 \leq j \leq 2^{k-3}N_y$에 대해 (3.29) 식을 푸는 것으로 구성되어있습니다.

2 단계) 성긴 격자 보정

- 결손 계산: $\bar{d}_k^m = f_k - L_k(\bar{p}_k^{n+1,m})$
- 결손과 $\bar{p}_k^m$ 제한: $\bar{d}_{k-1}^m = I_k^{k-1}\bar{d}_k^m$

제한 연산자 I_k^{k-1}는 [3.3(a) 그림]과 같이 k-단계 함수를 $(k-1)$-단계 함수로 매핑합니다.

$$d_{k-1}(x_i, y_j) = I_k^{k-1}d_k(x_i, y_j)$$
$$= \frac{1}{4}\left[d_k(x_{i-\frac{1}{2}}, y_{j-\frac{1}{2}}) + d_k(x_{i-\frac{1}{2}}, y_{j+\frac{1}{2}}) + d_k(x_{i+\frac{1}{2}}, y_{j-\frac{1}{2}}) + d_k(x_{i+\frac{1}{2}}, y_{j+\frac{1}{2}})\right].$$

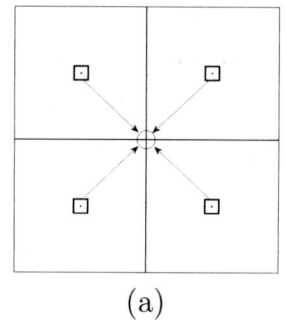 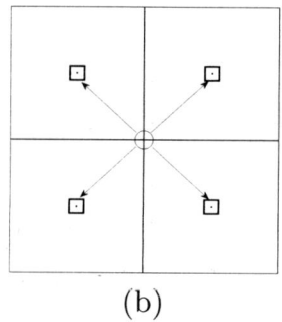

(a)   (b)

그림 3.3: 이동 연산자 : (a) 제한, (b) 보간.

- Ω_{k-1}에서 성긴 그리드 방정식의 근사 해 $\hat{p}_{k-1}^{n+1,m}$ 계산

$$L_{k-1}(p_{k-1}^{n+1,m}) = \bar{d}_{k-1}^m. \qquad (3.30)$$

만약 $k = 1$이라면, (3.30) 식에 대해 직접적이고 빠른 반복 수치기법을 사용합니다. 만약 $k > 1$이라면, 초기 근삿값으로 제로 그리드 함수를 사용하여 k-그리드 사이클을 수행하여 (3.30) 식을 근사하여 다음고 같이 풉니다.

$$\hat{v}_{k-1}^{n+1,m} = MGcycle(k-1, 0, L_{k-1}, \bar{d}_{k-1}^m, \nu).$$

- 수정 보간: $\hat{q}_k^{n+1,m} = I_{k-1}^k \hat{q}_{k-1}^{n+1,m}$. 여기서, 성긴 격자 위의 값들은 [3.3(b) 그림]과 같이 근처에 있는 4개의 세밀한 격자점으로 이동됩니다. 즉, 홀수 정

제 1 절 나비어–스톡스 방정식

수 i 및 j에 대해 $q_k(x_i, y_j) = I_{k-1}^k q_{k-1}(x_i, y_j) = q_{k-1}(x_{i+\frac{1}{2}}, y_{j+\frac{1}{2}})$ 입니다.

- Ω_k에서 수정된 근삿값 계산

$$p_k^{m,\text{ after } CGC} = \bar{p}_k^{n+1,m} + \hat{q}_k^{n+1,m}.$$

3 단계) 포스트-스무싱(Post-smoothing) 이제, 고유한 해에 대해, 다음과 같이 (3.19) 식을 사용하여 압력을 재정의합니다.

$$p_{ij}^{n+1,m+1} = p_{ij}^{n+1,m+1} - \frac{1}{N_x N_y} \sum_{i=1}^{N_x} \sum_{j=1}^{N_y} p_{ij}^{n+1,m+1}. \tag{3.31}$$

하나의 멀티그리드 사이클 단계는 마지막 에러 $\|p^{n+1,m+1} - p^{n+1,m}\|_2$ 가 주어진 허용 오차보다 작을 때 멈춥니다. 이 때,

$$\|p\|_2 = \sqrt{\frac{1}{N_x} \frac{1}{N_y} \sum_{i=1}^{N_x} \sum_{j=1}^{N_y} p_{ij}^2}$$

로 정의됩니다. 이것으로 (3.17) 식에 대한 멀티그리드 한 사이클의 설명을 마칩니다.

1.4 안정조건

수치 해의 안정성과 정확성을 위해, Welch과 저자들 [40]은 세 가지 안정조건을 제안했습니다. 첫 번째 조건은

$$\Delta t < \frac{h^2}{4} Re \tag{3.32}$$

입니다. 나머지 두 조건은 Courant–Friedrichs–Lewy (CFL)로 유명한

$$\Delta t < \frac{h}{|u|_{\max}}, \qquad \Delta t < \frac{h}{|v|_{\max}} \tag{3.33}$$

입니다. 여기서, $|u|_{\max}$ 및 $|v|_{\max}$는 속도 u 와 v 의 최대 절댓값입니다. 이러한

조건들은 주어진 시간 간격 Δt 에서 어떠한 유체 입자도 격자 간격 h 이상을 가로지를 수 없다는 것을 의미합니다 [30, 32, 33]. 세 가지 조건 (3.32), (3.33) 식에 의해 시간 간격 크기 Δt를 다음과 같이 정할 수 있습니다.

$$\Delta t = C \min \left(\frac{h^2}{4} Re, \frac{h}{|u|_{\max}}, \frac{h}{|v|_{\max}} \right). \tag{3.34}$$

여기서, C는 0과 1사이의 안정 상수입니다.

1.4.1 2차원 덮개-구동 캐비티 유동(lid-driven cavity flow)

2차원 정사각 영역 $\Omega = (0,1) \times (0,1)$에서 덮개- 구동 캐비티(cavity) 유동을 고려해봅시다. [3.4 그림]은 구동 캐비티 유동에 대한 계산영역과 경계조건을 보여줍니다. 초기 속도는 도메인 내에서 0입니다. 경계조건은 상단 덮개를 제외한 세 개의 벽에서 0입니다. 여기서 $(u,v) = (1,0)$입니다. 따라서, 유동은 상부 벽에 의해 구동됩니다 [14].

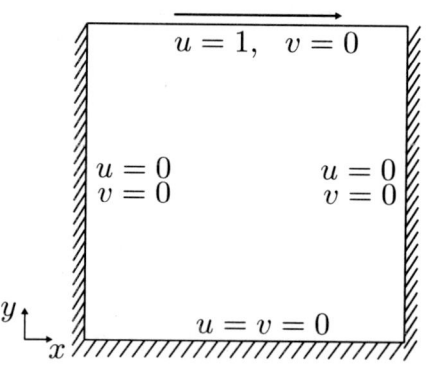

그림 3.4: 덮개-구동 캐비티 유동의 도식도.

본 시뮬레이션은 참고 문헌 [14]에 나온 예제를 참조했습니다. 시뮬레이션 결과는 [3.5 그림]에 나타나 있습니다. 이때, $N_x = N_y = 32$입니다. 즉, $h = 1/32$이고, $Re = 100$, $\Delta t = 0.1 h^2 \times Re$입니다.

다음 코드는 [3.5 그림]의 2차원 캐비티 유동이며, 매개변수는 〈3.1 표〉에 나열되어있습니다.

제 1 절 나비어-스톡스 방정식

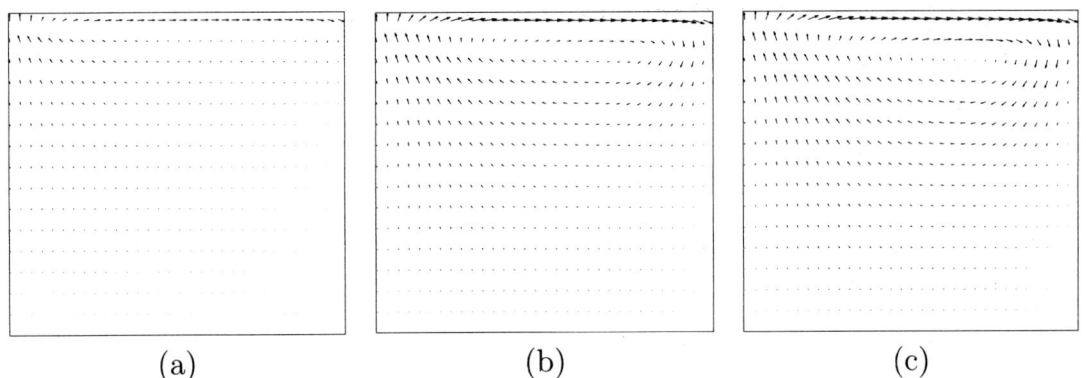

그림 3.5: (a) $t = 30\Delta t$, (b) $t = 150\Delta t$, (c) $t = 300\Delta t$에서의 속도장. $N_x = N_y = 32$, 즉, $h = 1/32$이고, $Re = 100$, $\Delta t = 0.1h^2 \times Re$.

표 3.1: 나비어-스톡스 방정식에 사용된 매개변수.

매개변수	설명
Nx, Ny	x, y방향으로의 공간 노드 개수
n_level	멀티그리드 단계
p_relax	스무싱 반복 횟수
dt	Δt 시간 격자 크기
xleft, yleft	x축, y축의 최솟값
xright, yright	x축, y축의 최댓값
ns	출력되는 데이터의 개수
max_iteration	최대 시행 횟수
max_it_MG	멀티그리드 연산 횟수
tol_MG	멀티그리드의 오차 범위
h	공간 격자 크기
h2	h^2
Re	레이놀즈 수

```c
/* Two-dimensional Navier-Stokes equation */
#include <stdio.h>
#include <math.h>
#include <stdlib.h>
#include <time.h>
#define GNx 32
#define GNy 32
#define iloop for (i=1; i<=GNx; i++)
#define i0loop for (i=0; i<=GNx; i++)
#define jloop for (j=1; j<=GNy; j++)
#define j0loop for (j=0; j<=GNy; j++)
#define ijloop iloop jloop
#define i0jloop i0loop jloop
#define ij0loop iloop j0loop
#define iloopt for (i=1; i<=Nxt; i++)
#define i0loopt for (i=0; i<=Nxt; i++)
#define jloopt for (j=1; j<=Nyt; j++)
#define j0loopt for (j=0; j<=Nyt; j++)
#define ijloopt iloopt jloopt
#define i0jloopt i0loopt jloopt
#define ij0loopt iloopt j0loopt
int Nx, Ny, n_level, p_relax, nt;
double **sor, h, h2, **tu, **tv, **workp, **worku, **workv,
       **adv_u, **adv_v, dt, xleft, xright, yleft, yright, Re;
char bufferu[20], bufferv[20], bufferp[20];

void initialization(double **p, double **u, double **v) {
    int i, j;

    ijloop p[i][j] = 0.0;
    ij0loop v[i][j] = 0.0;
```

제 1 절 나비어-스톡스 방정식

```
        i0jloop u[i][j] = 0.0;
}
void augmenuv(double **u, double **v, int Nx, int Ny) {
    int i, j;
    double bdvel=1.0;

    iloop {
        u[i][0] = -u[i][1];
        u[i][Ny+1] = 2.0*bdvel-u[i][Ny];}
    jloop {
        v[0][j] = -v[1][j];
        v[Nx+1][j] = -v[Nx][j];}
}
void advection_uv(double **u, double **v, double **adv_u,
                  double **adv_v) {
    int i, j;
    augmenuv(u, v, Nx, Ny);
    i0jloop {
        if (u[i][j]>0.0) {
            adv_u[i][j] = u[i][j]*(u[i][j]-u[i-1][j])/h;}
        else {
            adv_u[i][j] = u[i][j]*(u[i+1][j]-u[i][j])/h;}
        if (v[i][j-1]+v[i+1][j-1]+v[i][j]+v[i+1][j]>0.0) {
            adv_u[i][j] += 0.25*(v[i][j-1]+v[i+1][j-1]
                                +v[i][j]+v[i+1][j])
                               *(u[i][j]-u[i][j-1])/h;}
        else{
            adv_u[i][j] += 0.25*(v[i][j-1]+v[i+1][j-1]
            +v[i][j]+v[i+1][j])*(u[i][j+1]-u[i][j])/h;}
    }
    ij0loop{
```

```
            if (u[i-1][j]+u[i][j]+u[i-1][j+1]+u[i][j+1]>0.0) {
                adv_v[i][j] = 0.25*(u[i-1][j]+u[i][j]
                                    +u[i-1][j+1]+u[i][j+1])
                                   *(v[i][j]-v[i-1][j])/h;}
            else {
                adv_v[i][j] = 0.25*(u[i-1][j]+u[i][j]
                                    +u[i-1][j+1]+u[i][j+1])
                                   *(v[i+1][j]-v[i][j])/h;}
            if (v[i][j]>0.0) {
                adv_v[i][j] += v[i][j]*(v[i][j]-v[i][j-1])/h;}
            else{
                adv_v[i][j] += v[i][j]*(v[i][j+1]-v[i][j])/h;}
        }
}
void temp_uv(double **tu, double **tv, double **u, double **v,
             double **adv_u, double **adv_v) {
    int i, j;

    i0jloop {
        tu[i][j] = u[i][j]+dt*((u[i+1][j]+u[i-1][j]-4.0*u[i][j]
                   +u[i][j+1]+u[i][j-1])/(Re*h2)-adv_u[i][j]);}
    ij0loop {
        tv[i][j] = v[i][j]+dt*((v[i+1][j]+v[i-1][j]-4.0*v[i][j]
                   +v[i][j+1]+v[i][j-1])/(Re*h2)-adv_v[i][j]);}
}
void mat_copy(double **a, double **b, int x_start,
              int x_end, int y_start, int y_end) {
    int i, j;

    for (i=x_start; i<=x_end; i++) {
        for (j=y_start; j<=y_end; j++) {
```

제 1 절   나비어-스톡스 방정식

```
                    a[i][j] = b[i][j];}
    }
}
void relax_p(double **p, double **f, int Nxt, int Nyt) {
    int i, j, iter;
    double ht2, coef, src;

    ht2 = pow((xright-xleft)/(double) Nxt,2);
    for (iter=1; iter<=p_relax; iter++) {
        ijloopt {
            src = f[i][j];
            if (i==1) {
                src -= p[2][j]/ht2;
                coef = -1.0/ht2;}
            else if (i==Nxt) {
                src -= p[Nxt-1][j]/ht2;
                coef = -1.0/ht2;}
            else {
                src -= (p[i+1][j]+p[i-1][j])/ht2;
                coef = -2.0/ht2;}
            if (j==1) {
                src -= p[i][2]/ht2;
                coef -= 1.0/ht2;}
            else if (j==Nyt) {
                src -= p[i][Nyt-1]/ht2;
                coef -= 1.0/ht2;}
            else {
                src -= (p[i][j+1]+p[i][j-1])/ht2;
                coef -= 2.0/ht2;}
            p[i][j] = src/coef;}
    }
```

```
}
double **dmatrix(long i_start, long i_end,
                 long j_start, long j_end) {
    double **m;
    long i, nrow=i_end-i_start+2, ncol=j_end-j_start+2;

    m = (double **) malloc((nrow)*sizeof(double*));
    m += 1;
    m -= i_start;
    m[i_start] = (double *) malloc((nrow*ncol)*sizeof(double));
    m[i_start] += 1;
    m[i_start] -= j_start;
    for (i=i_start+1; i<=i_end; i++)
        m[i] = m[i-1]+ncol;
    return m;
}
void free_dmatrix(double **m, long i_start, long i_end,
                  long j_start, long j_end) {
    free(m[i_start]+j_start-1);
    free(m+i_start-1);
}
void grad_p(double **p, double **dpdx, double **dpdy,
            int Nxt, int Nyt) {
    int i, j;
    double ht=(xright-xleft)/Nxt;

    i0jloopt {
        if (i==0 || i==Nxt) {
            dpdx[i][j] = 0.0;}
        else {
            dpdx[i][j] = (p[i+1][j]-p[i][j])/ht;}
```

제 1 절 나비어-스톡스 방정식   75

```
    }
    ij0loopt {
        if (j==0 || j==Nyt) {
            dpdy[i][j] = 0.0;
        }
        else {
            dpdy[i][j] = (p[i][j+1]-p[i][j])/ht;
        }
    }
}
void div_uv(double **tu, double **tv, double **divuv,
            int Nxt, int Nyt) {
    int i, j;
    double ht=(xright-xleft)/Nxt;

    ijloopt {
    divuv[i][j]=(tu[i][j]-tu[i-1][j]+tv[i][j]-tv[i][j-1])/ht;}
}
void Laplace_p(double **p, double **lap_p, int Nxt, int Nyt) {
    double **dpdx, **dpdy;

    dpdx = dmatrix(0, Nxt, 1, Nyt);
    dpdy = dmatrix(1, Nxt, 0, Nyt);
    grad_p(p, dpdx, dpdy, Nxt, Nyt);
    div_uv(dpdx, dpdy, lap_p, Nxt, Nyt);
    free_dmatrix(dpdx, 0, Nxt, 1, Nyt);
    free_dmatrix(dpdy, 1, Nxt, 0, Nyt);
}
void mat_sub(double **a, double **b, double **c,
             int i_start, int i_end, int j_start, int j_end) {
    int i, j;
```

```c
        for (i=i_start; i<=i_end; i++) {
            for (j=j_start; j<=j_end; j++) {
                a[i][j] = b[i][j]-c[i][j];}
        }
    }
    void residual_p(double **r, double **u, double **f,
                    int Nxt, int Nyt) {
        Laplace_p(u, r, Nxt, Nyt);
        mat_sub(r, f, r, 1, Nxt, 1, Nyt);
    }
    void restrict2D(double **uf, double **uc,
                    int Nxt, int Nyt) {
        int i, j;

        ijloopt {
            uc[i][j] = 0.25*(uf[2*i-1][2*j-1]+uf[2*i-1][2*j]
                            +uf[2*i][2*j-1]+uf[2*i][2*j]);}
    }
    void zero_matrix(double **a, int x_start, int x_end,
                     int y_start, int y_end) {
        int i, j;

        for (i=x_start; i<=x_end; i++) {
            for (j=y_start; j<=y_end; j++) {
                a[i][j] = 0.0;}
        }
    }
    void prolong(double **uc, double **uf,
                 int Nxt, int Nyt) {
        int i, j;
```

제 1 절 나비어-스톡스 방정식

```
    ijloopt {
        uf[2*i-1][2*j-1] = uc[i][j];
        uf[2*i-1][2*j] = uc[i][j];
        uf[2*i][2*j-1] = uc[i][j];
        uf[2*i][2*j] = uc[i][j];}
}
void mat_add(double **a, double **b, double **c,
             int i_start, int i_end, int j_start, int j_end) {
    int i, j;

    for (i=i_start; i<=i_end; i++) {
        for (j=j_start; j<=j_end; j++) {
            a[i][j] = b[i][j]+c[i][j];}
    }
}
void vcycle_uv(double **uf, double **ff, int Nxf, int Nyf,
               int ilevel) {
    relax_p(uf, ff, Nxf, Nyf);

    if (ilevel<n_level) {
        int Nxc, Nyc;
        double **rf, **uc, **fc;
        Nxc = Nxf/2;
        Nyc = Nyf/2;
        rf = dmatrix(1, Nxf, 1, Nyf);
        uc = dmatrix(1, Nxc, 1, Nyc);
        fc = dmatrix(1, Nxc, 1, Nyc);
        residual_p(rf, uf, ff, Nxf, Nyf);
        restrict2D(rf, fc, Nxc, Nyc);
        zero_matrix(uc, 1, Nxc, 1, Nyc);
```

```
            vcycle_uv(uc, fc, Nxc, Nyc, ilevel+1);
            prolong(uc, rf, Nxc, Nyc);
            mat_add(uf, uf, rf, 1, Nxf, 1, Nyf);
            relax_p(uf, ff, Nxf, Nyf);
            free_dmatrix(rf, 1, Nxf, 1, Nyf);
            free_dmatrix(uc, 1, Nxc, 1, Nyc);
            free_dmatrix(fc, 1, Nxc, 1, Nyc);}
}
void pressure_update(double **a) {
    int i, j;
    double ave = 0.0;

    ijloop {
        ave = ave+a[i][j];}
    ave /= (Nx+0.0)*(Ny+0.0);
    ijloop {
        a[i][j] -= ave;}
}
double norm2D(double** a, int i_start, int i_end,
              int j_start, int j_end) {
    int i, j;
    double value = 0.0;

    for (i=i_start; i<=i_end; i++) {
        for (j=j_start; j<=j_end; j++) {
            value += a[i][j]*a[i][j];}}
    return sqrt(value/((i_end-i_start+1.0)
                    *(j_end-j_start+1.0)));
}
void MG_Poisson(double **p, double **f) {
    int i, j, max_iteration = 2000, it_MG = 1;
```

제 1 절 나비어-스톡스 방정식

```
    double tol = 1.0e-5, resid = 1.0;

    mat_copy(workv, p, 1, Nx, 1, Ny);
    while (it_MG<=max_iteration && resid>=tol) {
        vcycle_uv(p, f, Nx, Ny, 1);
        pressure_update(p);
        ijloop {
            sor[i][j] = workv[i][j]-p[i][j];}
        resid = norm2D(sor, 1, Nx, 1, Ny);
        mat_copy(workv, p, 1, Nx, 1, Ny); it_MG++;}
    printf("Pressure iteration = %d  residual = %16.15f \n",
           it_MG, resid);
}
void source_uv(double **tu, double **tv, double **divuv,
               int Nxt, int Nyt) {
    int i, j;

    div_uv(tu, tv, divuv, Nxt, Nyt);
    ijloopt {
        divuv[i][j] /= dt;}
}
void Poisson(double **tu, double **tv, double **p) {
    source_uv(tu, tv, workp, Nx, Ny);
    MG_Poisson(p, workp);
}
void full_step(double **u, double **v, double **nu,
               double **nv, double **p) {
    int i, j;

    advection_uv(u, v, adv_u, adv_v);
    temp_uv(tu, tv, u, v, adv_u, adv_v);
```

```c
        Poisson(tu, tv, p);
        grad_p(p, worku, workv, Nx, Ny);
        i0jloop {
            nu[i][j] = tu[i][j]-dt*worku[i][j];}
        ij0loop {
            nv[i][j] = tv[i][j]-dt*workv[i][j];}
}
void print_data1(double **u, double **v, double **p) {
    int i, j;
    FILE *fu, *fv, *fp;

    fu=fopen(bufferu, "a");
    fv=fopen(bufferv, "a");
    fp=fopen(bufferp, "a");
    iloop {
        jloop {
            fprintf(fu, "  %16.14f", 0.5*(u[i][j]+u[i-1][j]));
            fprintf(fv, "  %16.14f", 0.5*(v[i][j]+v[i][j-1]));
            fprintf(fp, "  %16.14f", p[i][j]);}
        fprintf(fu, "\n");
        fprintf(fv, "\n");
        fprintf(fp, "\n");}
    fclose(fu);
    fclose(fv);
    fclose(fp);
}
int main() {
    int it, max_iteration, ns, count = 1;
    double **u, **v, **nu, **nv, **p;
    FILE *fu, *fv, *fp;
```

제 1 절 나비어-스톡스 방정식

```
    p_relax = 5;
    Nx = GNx; Ny = GNy;
    n_level = (int)(log(Nx)/log(2.0)+0.1)-1;
    xleft = 0.0; xright = 1.0;
    yleft = 0.0; yright = 1.0;
    h = (xright-xleft)/(double)Nx; h2 = pow(h,2);
    max_iteration = 1000;
    ns = (int)(max_iteration/100);
    Re = 100.0; dt = 0.1*Re*h2;
    p = dmatrix(1, Nx, 1, Ny);
    sor = dmatrix(1, Nx, 1, Ny);
    workp = dmatrix(0, Nx+1, 0, Ny+1);
    worku = dmatrix(0, Nx+1, 0, Ny+1);
    workv = dmatrix(0, Nx+1, 0, Ny+1);
    u = dmatrix(-1, Nx+1, 0, Ny+1);
    v = dmatrix(0, Nx+1, -1, Ny+1);
    nu = dmatrix(-1, Nx+1, 0, Ny+1);
    nv = dmatrix(0, Nx+1, -1, Ny+1);
    tu = dmatrix(0, Nx, 1, Ny);
    tv = dmatrix(1, Nx, 0, Ny);
    adv_u = dmatrix(0, Nx, 1, Ny);
    adv_v = dmatrix(1, Nx, 0, Ny);
    zero_matrix(tu, 0, Nx, 1, Ny);
    zero_matrix(tv, 1, Nx, 0, Ny);
    sprintf(bufferu, "u.m");
    sprintf(bufferv, "v.m");
    sprintf(bufferp, "p.m");
    fu = fopen(bufferu, "w");
    fv = fopen(bufferv, "w");
    fp = fopen(bufferp, "w");
    fclose(fu);
```

제 3 장 2차원 나비어–스톡스 방정식(NAVIER–STOKES EQUATION)

```
        fclose(fv);
        fclose(fp);
        initialization(p, u, v);
        print_data1(u, v, p);
        mat_copy(nu, u, 0, Nx, 1, Ny);
        mat_copy(nv, v, 1, Nx, 0, Ny);
        for (it=1; it<=max_iteration; it++) {
            printf("iteration = %d\n", it);
            full_step(u, v, nu, nv, p);
            mat_copy(u, nu, 0, Nx, 1, Ny);
            mat_copy(v, nv, 1, Nx, 0, Ny);
            if (it%ns==0) {
                print_data1(nu, nv, p);
                printf("print out counts %d \n", count); count++;}}
        return 0;
}
```

위 코드에서 사용된 몇 가지 함수를 자세하게 소개합니다.

```
void augmenuv(double **u, double **v, int Nx, int Ny) {
    int i, j;
    double bdvel=1.0;

    iloop {
        u[i][0] = -u[i][1];
        u[i][Ny+1] = 2.0*bdvel-u[i][Ny];}
    jloop {
        v[0][j] = -v[1][j];
        v[Nx+1][j] = -v[Nx][j];}
}
```

제 1 절 나비어–스톡스 방정식

경계조건으로, 상단 덮개를 제외한 세 개의 벽에서 0이고, 상단 덮개의 경계에서 $(u, v) = (1, 0)$을 만족합니다. 이를 위해서 경계를 이웃하는 두 개의 점에서 주어진 값의 평균이 경계값이 되도록 설정합니다.

```
void pressure_update(double **a) {
    int i, j;
    double ave = 0.0;

    ijloop {
        ave = ave+a[i][j];}
    ave /= (Nx+0.0)*(Ny+0.0);
    ijloop {
        a[i][j] -= ave;}
}
```

(3.31) 식을 이용하여 평균이 0이 되도록 압력 p 를 업데이트합니다.
[3.5 그림]은 다음의 MATLAB 코드 실행으로 얻어진 그림입니다.

```
clear; clc; clf; close all;
ss = sprintf('u.m'); uu = load(ss);
ss = sprintf('v.m'); vv = load(ss);
nx = 32; ny = nx; yright = 1; xright = 1; h = xright/nx;
x = linspace(0.5*h, xright-0.5*h, nx);
y = linspace(0.5*h, yright-0.5*h, ny);
[xx, yy] = meshgrid(x, y); N = size(uu, 1)/nx; s = 0.1;
for kk = 1:11
    figure;
    u = uu(1+(kk-1)*nx:kk*nx, :); v = vv(1+(kk-1)*nx:kk*nx, :);
    us = u'; vs = v';
    quiver(xx(1:2:end, :), yy(1:2:end, :), ...
        s*us(1:2:end, :), s*vs(1:2:end, :), 0, 'k')
    axis image
```

```
    set(gca, 'xtick', []); set(gca, 'ytick', []);
end
```

4장

3차원 나비어-스톡스 방정식(Navier-Stokes equation)

실제 유체 유동 문제의 대부분은 3차원에서 정의됩니다. 이 장에서는 3차원 나비어-스톡스 방정식과 수치 방법을 고려합니다. 2차원 계산과 비교하면 3차원 계산은 훨씬 더 많은 계산 비용이 요구됩니다.

제 1 절   3차원 나비어-스톡스 방정식

3차원 비압축성 유체를 위한 지배방정식은 다음의 3차원 나비어-스톡스 방정식을 사용합니다.

$$\frac{\partial \mathbf{u}(x,y,z,t)}{\partial t} + \mathbf{u}(x,y,z,t) \cdot \nabla \mathbf{u}(x,y,z,t) = -\nabla p(x,y,z,t) \tag{4.1}$$
$$+ \frac{1}{Re}\Delta \mathbf{u}(x,y,z,t),$$
$$\nabla \cdot \mathbf{u}(x,y,z,t) = 0. \tag{4.2}$$

1.1   나비어-스톡스 수치 계산

계산 영역을 공간 격자 크기 h인 갖는 균일한 격자를 사용합니다. 각 셀의 중심 Ω_{ijk}는, $i = 1, \cdots, N_x$, $j = 1, \cdots, N_y$, 그리고 $k = 1, \cdots, N_z$에 대하여 $(x_i, y_j, z_k) = ((i-0.5)h, (j-0.5)h, (k-0.5)h)$에 위치합니다. N_x, N_y, N_z는 각

각 x축, y축, z축 방향으로의 셀 개수입니다. 셀 꼭지점은 $(x_{i+\frac{1}{2}}, y_{j+\frac{1}{2}}, z_{k+\frac{1}{2}}) = (ih, jh, kh)$에 위치합니다.

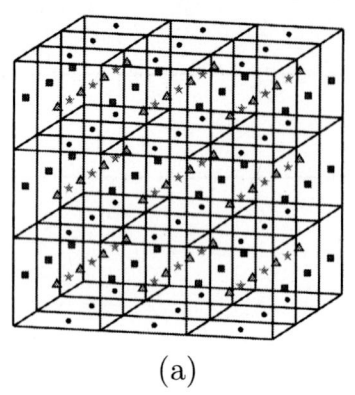 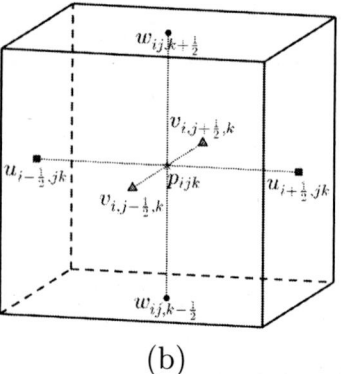

(a) (b)

그림 4.1: (a) 마커 및 셀(MAC) 메쉬 도식도, (b) MAC 메쉬 속 하나의 셀.

각 시간 단계의 시작에서 주어진 $\mathbf{u}^n$, ϕ^n으로 다음과 같은 시간에 대하여 이산화된 무차원 형태의 (4.1)과 (4.2) 운동방정식의 $\mathbf{u}^{n+1}$와 p^{n+1}을 구합니다.

$$\frac{\mathbf{u}^{n+1} - \mathbf{u}^n}{\Delta t} = -(\mathbf{u} \cdot \nabla_d \mathbf{u})^n - \nabla_d p^{n+1} + \frac{1}{Re}\Delta_d \mathbf{u}^n,$$
$$\nabla_d \cdot \mathbf{u}^{n+1} = 0.$$

하나의 시간 단계에서 내략적인 순서는 다음과 같습니다.

1 단계) 무발산 속도장이 되도록 $\mathbf{u}^0$를 초기화합니다.
2 단계) 일반적으로 비압축성 조건을 만족하지 않는 중간 속도장 $\tilde{\mathbf{u}}$를 압력 미분 항을 제외하고 풉니다.

$$\frac{\tilde{\mathbf{u}} - \mathbf{u}^n}{\Delta t} = -\mathbf{u}^n \cdot \nabla_d \mathbf{u}^n + \frac{1}{Re}\Delta_d \mathbf{u}^n.$$

위 식은 각각 변수 u, v, w가 정의된 격자 위에서 아래와 같이 표현됩니다.

$$\tilde{u}_{i+\frac{1}{2},jk} = u^n_{i+\frac{1}{2},jk} - \Delta t(uu_x + vu_y + wu_z)^n_{i+\frac{1}{2},jk} + \frac{\Delta t}{h^2 Re}\left(u^n_{i+\frac{3}{2},jk} + u^n_{i-\frac{1}{2},jk}\right.$$
$$\left. + u^n_{i+\frac{1}{2},j+1,k} + u^n_{i+\frac{1}{2},j-1,k} + u^n_{i+\frac{1}{2},j,k+1} + u^n_{i+\frac{1}{2},j,k-1} - 6u^n_{i+\frac{1}{2},jk}\right),$$
$$\tilde{v}_{i,j+\frac{1}{2},k} = v^n_{i,j+\frac{1}{2},k} - \Delta t(uv_x + vv_y + wv_z)^n_{i,j+\frac{1}{2},k} + \frac{\Delta t}{h^2 Re}\left(v^n_{i,j+\frac{3}{2},k} + v^n_{i,j-\frac{1}{2},k}\right.$$

제 1 절 3차원 나비어-스톡스 방정식

$$+v^n_{i+1,j+\frac{1}{2},k} + v^n_{i-1,j+\frac{1}{2},k} + v^n_{i,j+\frac{1}{2},k+1} + v^n_{i,j+\frac{1}{2},k-1} - 6v^n_{i,j+\frac{1}{2},k}\Big),$$

$$\tilde{w}_{ij,k+\frac{1}{2}} = w^n_{ij,k+\frac{1}{2}} - \Delta t(uw_x + vw_y + ww_z)^n_{ij,k+\frac{1}{2}} + \frac{\Delta t}{h^2 Re}\Big(w^n_{ij,k+\frac{3}{2}} + w^n_{ij,k-\frac{1}{2}}$$

$$+ w^n_{i+1,jk+\frac{1}{2}} + w^n_{i-1,jk+\frac{1}{2}} + w^n_{i,j+1,k+\frac{1}{2}} + w^n_{i,j-1,k+\frac{1}{2}} - 6w^n_{ij,k+\frac{1}{2}}\Big),$$

여기서 이류항 $(uu_x + vu_y + wu_z)^n_{i+\frac{1}{2},jk}$, $(uv_x + vv_y + wv_z)^n_{i,j+\frac{1}{2},k}$, $(uw_x + vw_y + ww_z)^n_{ij,k+\frac{1}{2}}$ 은 다음과 같이 정의됩니다.

$$(uu_x + vu_y + wu_z)^n_{i+\frac{1}{2},jk} = u^n_{i+\frac{1}{2},jk}\bar{u}^n_{x_{i+\frac{1}{2},jk}}$$

$$+ \frac{v^n_{i,j-\frac{1}{2},k} + v^n_{i+1,j-\frac{1}{2},k} + v^n_{i,j+\frac{1}{2},k} + v^n_{i+1,j+\frac{1}{2},k}}{4}\bar{u}^n_{y_{i+\frac{1}{2},jk}}$$

$$+ \frac{w^n_{ij,k-\frac{1}{2}} + w^n_{i+1,j,k-\frac{1}{2}} + w^n_{ij,k+\frac{1}{2}} + w^n_{i+1,j,k+\frac{1}{2}}}{4}\bar{u}^n_{z_{i+\frac{1}{2},jk}},$$

$$(uv_x + vv_y + wv_z)^n_{i,j+\frac{1}{2},k} = v^n_{ij+\frac{1}{2},k}\bar{v}^n_{y_{ij+\frac{1}{2},k}}$$

$$+ \frac{u^n_{i-\frac{1}{2},jk} + u^n_{i+\frac{1}{2},jk} + u^n_{i-\frac{1}{2},j+1,k} + u^n_{i+\frac{1}{2},j+1,k}}{4}\bar{v}^n_{x_{i,j+\frac{1}{2},k}}$$

$$+ \frac{w^n_{ij,k-\frac{1}{2}} + w^n_{i,j+1,k-\frac{1}{2}} + w^n_{ij,k+\frac{1}{2}} + u^n_{i,j+1,k+\frac{1}{2}}}{4}\bar{v}^n_{z_{i,j+\frac{1}{2},k}},$$

$$(uw_x + vw_y + ww_z)^n_{ij,k+\frac{1}{2}} = w^n_{ij,k+\frac{1}{2}}\bar{v}^n_{z_{ij,k+\frac{1}{2}}}$$

$$+ \frac{u^n_{i-\frac{1}{2},jk} + u^n_{i+\frac{1}{2},jk} + u^n_{i-\frac{1}{2},j,k+1} + u^n_{i+\frac{1}{2},j,k+1}}{4}\bar{w}^n_{x_{ij,k+\frac{1}{2}}}$$

$$+ \frac{v^n_{i,j-\frac{1}{2},k} + v^n_{i,j+\frac{1}{2},k} + v^n_{i,j-\frac{1}{2},k+1} + v^n_{i,j+\frac{1}{2},k+1}}{4}\bar{w}^n_{z_{ij,k+\frac{1}{2}}}.$$

$\bar{u}^n_{x_{i+\frac{1}{2},jk}}$, $\bar{u}^n_{y_{i+\frac{1}{2},jk}}$, $\bar{u}^n_{z_{i+\frac{1}{2},jk}}$ 의 값은 풍상 차분법을 이용하여 계산되었습니다.

$$\bar{u}^n_{x_{i+\frac{1}{2},jk}} = \begin{cases} \frac{u^n_{i+\frac{1}{2},jk} - u^n_{i-\frac{1}{2},jk}}{h}, & u^n_{i+\frac{1}{2},jk} > 0\text{일 때,} \\ \frac{u^n_{i+\frac{3}{2},jk} - u^n_{i+\frac{1}{2},jk}}{h}, & \text{그렇지 않을 때.} \end{cases}$$

$$\bar{u}^n_{y_{i+\frac{1}{2},jk}} = \begin{cases} \frac{u^n_{i+\frac{1}{2},jk} - u^n_{i+\frac{1}{2},j-1,k}}{h}, & v^n_{i,j-\frac{1}{2},k} + v^n_{i+1,j-\frac{1}{2},k} + v^n_{i,j+\frac{1}{2},k} + v^n_{i+1,j+\frac{1}{2},k} > 0 \text{일 때,} \\ \frac{u^n_{i+\frac{1}{2},j+1,k} - u^n_{i+\frac{1}{2},jk}}{h}, & \text{그렇지 않을 때,} \end{cases}$$

$$\bar{u}^n_{z_{i+\frac{1}{2},jk}} = \begin{cases} \frac{u^n_{i+\frac{1}{2},jk} - u^n_{i+\frac{1}{2},j,k-1}}{h}, & w^n_{ij,k-\frac{1}{2}} + w^n_{i+1,j,k-\frac{1}{2}} + w^n_{ij,k+\frac{1}{2}} + w^n_{i+1,j,k+\frac{1}{2}} > 0 \text{일 때,} \\ \frac{u^n_{i+\frac{1}{2},j,k+1} - u^n_{i+\frac{1}{2},jk}}{h}, & \text{그렇지 않을 때.} \end{cases}$$

$\bar{v}^n_{x_{i,j+\frac{1}{2},k}}, \bar{v}^n_{y_{i,j+\frac{1}{2},k}}, \bar{v}^n_{z_{i,j+\frac{1}{2},k}}, \bar{w}^n_{x_{ij,k+\frac{1}{2}}}, \bar{w}^n_{y_{ij,k+\frac{1}{2}}}, \bar{w}^n_{z_{ij,k+\frac{1}{2}}}$ 도 유사한 방식으로 계산됩니다. 그런 다음, $(n+1)$ 시간 단계에서 진행 압력 장에 대하여 다음 방정식을 풉니다.

$$\frac{\mathbf{u}^{n+1} - \tilde{\mathbf{u}}}{\Delta t} = -\nabla_d p^{n+1}, \tag{4.3}$$

$$\nabla_d \cdot \mathbf{u}^{n+1} = 0. \tag{4.4}$$

발산 연산자를 (4.3) 식에 적용하고 (4.4) 식을 사용하면 시간 $(n+1)$에서 압력에 대한 푸아송 방정식

$$\Delta_d p^{n+1} = \frac{1}{\Delta t} \nabla_d \cdot \tilde{\mathbf{u}} \tag{4.5}$$

을 얻을 수 있다. 이 때, 각 항들은 다음과 같이 정의됩니다.

$$\Delta_d p^{n+1}_{ijk} = \frac{p^{n+1}_{i+1,jk} + p^{n+1}_{i-1,jk} + p^{n+1}_{i,j+1,k} + p^{n+1}_{i,j-1,k} + p^{n+1}_{ij,k+1} + p^{n+1}_{ij,k-1} - 6p^{n+1}_{ijk}}{h^2},$$

$$\nabla_d \cdot \tilde{\mathbf{u}}_{ijk} = \frac{\tilde{u}_{i+\frac{1}{2},jk} - \tilde{u}_{i-\frac{1}{2},jk}}{h} + \frac{\tilde{v}_{i,j+\frac{1}{2},k} - \tilde{v}_{i,j-\frac{1}{2},k}}{h} + \frac{\tilde{w}_{ij,k+\frac{1}{2}} - \tilde{w}_{ij,k-\frac{1}{2}}}{h}.$$

압력에 대한 경계조건은 다음과 같고,

$$\mathbf{n} \cdot \nabla_d p^{n+1} = \mathbf{n} \cdot \left(-\frac{\mathbf{u}^{n+1} - \mathbf{u}^n}{\Delta t} - (\mathbf{u} \cdot \nabla_d \mathbf{u})^n + \frac{1}{Re} \Delta_d \mathbf{u}^n \right),$$

여기서 $\mathbf{n}$는 영역 경계에서 단위 법선 벡터입니다. 따라서,

$$\mathbf{n} \cdot \nabla_d p^{n+1} = 0. \tag{4.6}$$

제 1 절 3차원 나비어-스톡스 방정식

제로 노이만 경계조건 (4.6)을 적용하여 (4.5) 식의 이산 선형 연립방정식은 멀티그리드 방법 [38], 특히, 가우스-세이델 스무싱이 있는 V-사이클을 사용하여 풉니다. 고유한 수치해을 위해, 다음과 같은 조건이 요구됩니다.

$$\sum_{i=1}^{N_x}\sum_{j=1}^{N_y}\sum_{k=1}^{N_z} p_{ijk}^{n+1} = 0. \tag{4.7}$$

그런 다음, (4.3) 식을 사용하여 무발산 속도 $u^{n+1}, v^{n+1}, w^{n+1}$는 다음과 같이 정의됩니다.

$$\mathbf{u}^{n+1} = \tilde{\mathbf{u}} - \Delta t \nabla_d p^{n+1}, \text{ 즉}$$
$$u_{i+\frac{1}{2},jk}^{n+1} = \tilde{u}_{i+\frac{1}{2},jk} - \frac{\Delta t}{h}(p_{i+1,jk}^{n+1} - p_{ijk}^{n+1}),$$
$$v_{i,j+\frac{1}{2},k}^{n+1} = \tilde{v}_{i,j+\frac{1}{2},k} - \frac{\Delta t}{h}(p_{i,j+1,k}^{n+1} - p_{ijk}^{n+1}),$$
$$w_{ij,k+\frac{1}{2}}^{n+1} = \tilde{w}_{ij,k+\frac{1}{2}} - \frac{\Delta t}{h}(p_{ij,k+1}^{n+1} - p_{ijk}^{n+1}).$$

이로써 하나의 시간 단계가 완료됩니다.

1.2 선형 멀티그리드 V-사이클 알고리즘

이 장에서는 (4.5) 식을 풀기 위한 선형 멀티그리드 방법의 알고리즘을 설명합니다. 하나의 V-사이클 단계를 명확하게 설명하기 위해 $2^l \times 2^l \times 2^l$ 메쉬에 대한 수치해에 중점을 둡니다. 여기서 l은 양의 정수입니다. 다음과 같이 개별 영역 Ω_l을 정의합니다.

$$\Omega_l = \{(x_{l,i} = (i-0.5)h_l, y_{l,j} = (j-0.5)h_l, z_{l,k} = (k-0.5)h_l$$
$$| 1 \leq ij, k \leq 2^l, h_l = 2^l h\}.$$

Ω_{l-1}는 Ω_l보다 2배 성긴 구조입니다. (4.5) 식은 처음 정의된 메쉬를 연속적으로 성기게 하여 생성된 메쉬의 계층 구조를 사용합니다. 점별 가우스-세이델 방법은 멀티그리드 방법에서 스무싱으로 사용됩니다. (4.5) 식을 풀기 위한 멀티그리드 방법의 알고리즘은 다음과 같습니다. 위의 (4.5) 식을 다시 쓰면 다

음과 같습니다.

$$L_l(p_{l,ijk}^{n+1}) = f_{l,ijk} \text{ on } \Omega_l, \tag{4.8}$$

여기서,

$$L_l(p_{l,ijk}^{n+1}) = \Delta_d p_{l,ijk}^{n+1} \text{ 그리고 } f_{l,ijk} = \frac{1}{\Delta t}\nabla_d \cdot \tilde{\mathbf{u}}_{l,ijk}^n.$$

스무싱 단계 전과 후에 반복 횟수 ν가 주어지면 V-사이클을 사용하는 멀티그리드 방법의 반복 단계는 다음과 같이 작성됩니다 [38]. 즉, 초기조건 p_l^0을 시작하여 $n = 1, 2, \cdots$에 대해 p_l^n을 구하고자 합니다. p_l^n이 주어졌을 때 (4.5) 식을 만족하는 p_l^{n+1} 해를 얻게 됩니다. 멀티그리드 사이클의 맨 처음에 이전 시간 단계의 해를 사용하여 멀티그리드 과정에 대한 초기 예상치를 제공합니다. 먼저 $p_l^{n+1,0} = p_l^n$이라고 합니다.

멀티그리드 사이클

$$p_l^{n+1,m+1} = MGcycle(l, p_k^{n+1,m}, L_l, f_l, \nu).$$

즉, $p_l^{n+1,m}$, $p_l^{n+1,m+1}$은 MGcycle 전후 p_l^{n+1}의 근삿값입니다. 이제, MGcycle을 정의합니다.

1 단계) 프리-스무싱(Pre-smoothing)

$$\bar{p}_l^{n+1,m} = SMOOTH^\nu(p_l^{n+1,m}, L_l, f_l),$$

초기 근삿값 $p_l^{n+1,m}$, 소스 항 f_l, 그리고 $SMOOTH$ 연산자를 사용하여 근삿값 $\bar{p}_l^{n+1,m}$을 얻기 위하여 스무싱 단계를 ν번 수행하는 것을 의미합니다. 여기에서 3차원 가우스-세이델 연산자를 유도합니다. 먼저 (4.8) 식은 다음과 같이 다시 작성할 수 있습니다.

$$p_{l,ijk}^{n+1} = \frac{p_{l,i-1,jk}^{n+1} + p_{l,i+1,jk}^{n+1} + p_{l,i,j-1,k}^{n+1} + p_{l,i,j+1,k}^{n+1} + p_{l,ij,k-1}^{n+1} + p_{l,ij,k+1}^{n+1} - h^2 f_{l,ijk}}{6} \tag{4.9}$$

다음으로 만약 ($\alpha < i$) 또는 ($\alpha = i$, $\beta \leq j$ 그리고 $\gamma \leq k$)이면 (4.9) 식에서

제 1 절 3차원 나비어-스톡스 방정식

$p_{l,\alpha\beta\gamma}^{n+1}$ 를 $\bar{p}_{l,\alpha\beta\gamma}^{n+1,m}$ 로 바꾸고, 그렇지 않으면 $p_{l,\alpha\beta\gamma}^{n+1,m}$ 로 바꿉니다. 즉,

$$\bar{p}_{l,ijk}^{n+1,m} = \left(\bar{p}_{l,i-1,jk}^{n+1,m} + p_{l,i+1,jk}^{n+1,m} + \bar{p}_{l,i,j-1,k}^{n+1,m} + p_{l,i,j+1,k}^{n+1,m} + \bar{p}_{l,ij,k-1}^{n+1,m} + p_{l,ij,k+1}^{n+1,m} \right.$$
$$\left. - h^2 f_{l,k,ijk} \right)/6. \tag{4.10}$$

따라서 멀티그리드 사이클에서 하나의 스무싱 연산자 단계는 $1 \leq i \leq 2^l N_x$, $1 \leq j \leq 2^l N_y$ 그리고 $1 \leq k \leq 2^l N_z$에 대하여 위에서 주어진 (4.10) 식을 푸는 것으로 구성됩니다.

1.3 안정조건

수치해의 안정성과 정확도를 위해 Welch과 저자들 [40]은 다음과 같은 안정조건을 제안했습니다. 첫 번째는

$$\Delta t < \frac{h^2}{6} Re. \tag{4.11}$$

나머지 조건들은 유명한 Courant-Friedrichs-Lewy(CFL) 조건으로

$$\Delta t < \frac{h}{|u|_{\max}}, \quad \Delta t < \frac{h}{|v|_{\max}}, \quad \Delta t < \frac{h}{|w|_{\max}}. \tag{4.12}$$

여기서, $|u|_{\max}, |v|_{\max}, |w|_{\max}$는 속도 u, v, w의 최대 절댓값입니다. 이 조건들은 주어진 시간 간격 Δt에서 메쉬 간격 h이상을 가로지르는 유체 입자가 없음을 의미합니다 [30, 32, 33]. 네 가지 조건들 (4.11), (4.12)에 의해, 시간 간격 Δt을 다음과 같이 선택할 수 있습니다.

$$\Delta t = C \min\left(\frac{h^2}{6} Re, \frac{h}{|u|_{\max}}, \frac{h}{|v|_{\max}}, \frac{h}{|w|_{\max}} \right), \tag{4.13}$$

여기서, C는 0과 1사이의 안정 상수입니다.

1.3.1 3차원 덮개-구동 캐비티 유동

3차원 정육면체 영역 $\Omega = (0,1) \times (0,1) \times (0,1)$에서 덮개-구동 캐비티(cavity) 유동을 고려합니다. [4.2 그림]은 하나의 구동 캐비티의 유동에 대한 계산 영역과 경계조건을 보여줍니다. 영역 안에서 초기 속도는 0입니다. 경계조건은

$(u, v, w) = (1, 0, 0)$인 위 쪽 덮개를 제외한 세 개의 벽에서 0입니다. 그러므로 유동은 상부 벽에 의해 구동됩니다 [14].

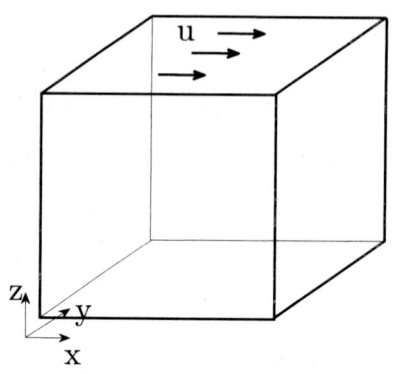

그림 4.2: 3차원에서 캐비티 유동 도식도.

캐비티 유동의 시뮬레이션 결과는 [4.3 그림]에서 확인할 수 있습니다. 50번 반복 수행 동안 $N_x = N_y = N_z = 16$, $h = 1/N_x$, $Re = 10$, $\Delta t = 0.1h^2 Re$이 사용됩니다.

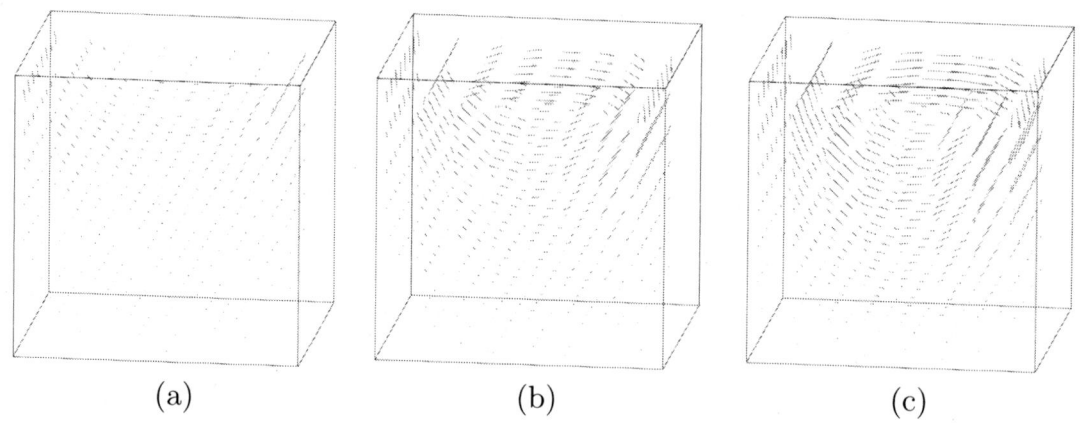

그림 4.3: $N_x = N_y = N_z = 16$인 (a) $t = 5\Delta t$, (b) $t = 20\Delta t$, 그리고 (c) $t = 50\Delta t$에서의 속도장, 즉, $h = 1/16$, $Re = 10$, 경계 속도 $(u, v, w) = (1, 0, 0)$, $\Delta t = 0.1h^2 Re$.

다음 코드는 [4.3 그림]의 3차원 캐비티 유동을 구현한 것입니다. 사용한 매개변수는 ⟨4.1 표⟩ 에 나와 있습니다.

제 1 절 3차원 나비어-스톡스 방정식

표 4.1: 3차원 나비어-스톡스 방정식에 사용된 매개변수.

매개변수	설명
Nx, Ny, Nz	x, y, z 방향으로의 공간 노드 개수
n_level	멀티그리드 단계
p_relax	스무싱 반복 횟수
bdvel	경계에서 속도
dt	Δt
xleft, yleft, zleft	x, y, z축의 최솟값
xright, yright, zright	x, y, z 축의 최댓값
ns	출력 데이터 수
max_it	N_t 최대 시행 횟수
max_it_MG	멀티그리드 연산 횟수
tol_MG	멀티그리드의 오차 범위
h	공간 격자 크기
h2	h^2
Re	레이놀즈 수

```c
/* Three-dimensional Navier-Stokes equation */
#include <stdio.h>
#include <math.h>
#include <stdlib.h>
#include <time.h>
#define GNx 16
#define GNy GNx
#define GNz GNx
#define iloop for (i=1; i<=GNx; i++)
#define i0loop for (i=0; i<=GNx; i++)
#define jloop for (j=1; j<=GNy; j++)
#define j0loop for (j=0; j<=GNy; j++)
#define kloop for (k=1; k<=GNz; k++)
#define k0loop for (k=0; k<=GNz; k++)
#define ijloop iloop jloop
#define i0kloop i0loop kloop
#define ikloop iloop kloop
#define jkloop jloop kloop
#define j0kloop j0loop kloop
#define jk0loop jloop k0loop
#define ijkloop iloop jloop kloop
#define i0jkloop i0loop jloop kloop
#define ij0kloop iloop j0loop kloop
#define ijk0loop iloop jloop k0loop
#define iloopt for (i=1; i<=Nxt; i++)
#define i0loopt for (i=0; i<=Nxt; i++)
#define jloopt for (j=1; j<=Nyt; j++)
#define j0loopt for (j=0; j<=Nyt; j++)
#define kloopt for (k=1; k<=Nzt; k++)
#define k0loopt for (k=0; k<=Nzt; k++)
#define ijkloopt iloopt jloopt kloopt
```

제 1 절 3차원 나비어-스톡스 방정식

```
#define i0jkloopt i0loopt jloopt kloopt
#define ij0kloopt iloopt j0loopt kloopt
#define ijk0loopt iloopt jloopt k0loopt
int Nx, Ny, Nz, n_level, p_relax, nt;
double ***sor, h, h2, bdvel, ***tu, ***tv, ***tw,
    ***workp, ***worku, ***workv, ***workw, ***adv_u,
    ***adv_v, ***adv_w, dt, xleft, xright,
    yleft, yright, zleft, zright, Re;
char bufferu[20], bufferv[20], bufferw[20], bufferp[20];

void initialization(double ***p, double ***u,
                    double ***v, double ***w) {
    int i, j, k;
    ijkloop p[i][j][k] = 0.0;
    i0jkloop u[i][j][k] = 0.0;
    ij0kloop v[i][j][k] = 0.0;
    ijk0loop w[i][j][k] = 0.0;
}
void augmenuvw(double ***u, double ***v, double ***w,
            int Nx, int Ny, int Nz) {
    int i, j, k;

    i0kloop {
        u[i][0][k] = -u[i][1][k];
        u[i][Ny+1][k] = -u[i][Ny][k];}
    i0loop {
        for (j=0; j<=Ny+1; j++) {
            u[i][j][0] = -u[i][j][1];
            u[i][j][Nz+1] = 2.0*bdvel;}
    }
    j0kloop {
```

제 4 장 3차원 나비어–스톡스 방정식(NAVIER–STOKES EQUATION)

```c
                v[0][j][k] = -v[1][j][k];
                v[Nx+1][j][k] = -v[Nx][j][k];}
        for (i=0; i<=Nx+1; i++) {
            j0loop {
                v[i][j][0] = -v[i][j][1];
                v[i][j][Nz+1] = -v[i][j][Nz];}
        }
        jk0loop {
            w[0][j][k] = -w[1][j][k];
            w[Nx+1][j][k] = -w[Nx][j][k];}
        for (i=0; i<=Nx+1; i++) {
            k0loop {
                w[i][j][0] = -w[i][j][1];
                w[i][j][Nz+1] = -w[i][j][Nz];}
        }
}
void advection_uvw(double ***u, double ***v, double ***w,
        double ***adv_u, double ***adv_v, double ***adv_w) {
    int i, j, k;

    augmenuvw(u, v, w, Nx, Ny, Nz);
for (i=1; i<Nx; i++) {
  jkloop {
    if (u[i][j][k] > 0.0)
     adv_u[i][j][k] = u[i][j][k]*(u[i][j][k]-u[i-1][j][k])/h;
    else
     adv_u[i][j][k] = u[i][j][k]*(u[i+1][j][k]-u[i][j][k])/h;
    if (v[i][j-1][k]+v[i+1][j-1][k]+v[i][j][k]+v[i+1][j][k]>0.0)
     adv_u[i][j][k] +=0.25*(v[i][j-1][k]+v[i+1][j-1][k]
        +v[i][j][k]+v[i+1][j][k])*(u[i][j][k]-u[i][j-1][k])/h;
    else
```

제 1 절 3차원 나비어-스톡스 방정식

```
       adv_u[i][j][k] += 0.25*(v[i][j-1][k]+v[i+1][j-1][k]
           +v[i][j][k]+v[i+1][j][k])*(u[i][j+1][k]-u[i][j][k])/h;
       if (w[i][j][k-1]+w[i+1][j][k-1]+w[i][j][k]+w[i+1][j][k]>0.0)
         adv_u[i][j][k] +=0.25*(w[i][j][k-1]+w[i+1][j][k-1]
             +w[i][j][k]+w[i+1][j][k])*(u[i][j][k]-u[i][j][k-1])/h;
       else
         adv_u[i][j][k] +=0.25*(w[i][j][k-1]+w[i+1][j][k-1]
             +w[i][j][k]+w[i+1][j][k])*(u[i][j][k+1]-u[i][j][k])/h;}
}
for (j=1; j<Ny; j++) {
  ikloop {
     if (u[i-1][j][k]+u[i][j][k]+u[i-1][j+1][k]+u[i][j+1][k]>0.0)
        adv_v[i][j][k]=0.25*(u[i-1][j][k]+u[i][j][k]+u[i-1][j+1][k]
                +u[i][j+1][k])*(v[i][j][k]-v[i-1][j][k])/h;
     else
        adv_v[i][j][k]=0.25*(u[i-1][j][k]+u[i][j][k]+u[i-1][j+1][k]
                +u[i][j+1][k])*(v[i+1][j][k]-v[i][j][k])/h;
     if (v[i][j][k] > 0.0)
        adv_v[i][j][k] += v[i][j][k]*(v[i][j][k]-v[i][j-1][k])/h;
     else
        adv_v[i][j][k] += v[i][j][k]*(v[i][j+1][k]-v[i][j][k])/h;
     if (w[i][j][k-1]+w[i][j][k]+w[i][j+1][k-1]+w[i][j+1][k]>0.0)
        adv_v[i][j][k]+=0.25*(w[i][j][k-1]+w[i][j][k]+w[i][j+1][k-1]
                +w[i][j+1][k])*(v[i][j][k]-v[i][j][k-1])/h;
     else
        adv_v[i][j][k]+=0.25*(w[i][j][k-1]+w[i][j][k]+w[i][j+1][k-1]
                +w[i][j+1][k])*(v[i][j][k+1]-v[i][j][k])/h;}
}
for (k=1; k<Nz; k++) {
  ijloop {
     if (u[i-1][j][k]+u[i][j][k]+u[i-1][j][k+1]+u[i][j][k+1]>0.0)
```

```
            adv_w[i][j][k]=0.25*(u[i-1][j][k]+u[i][j][k]+u[i-1][j][k+1]
                    +u[i][j][k+1])*(w[i][j][k]-w[i-1][j][k])/h;
        else
            adv_w[i][j][k]=0.25*(u[i-1][j][k]+u[i][j][k]+u[i-1][j][k+1]
                    +u[i][j][k+1])*(w[i+1][j][k]-w[i][j][k])/h;
        if (v[i][j-1][k]+v[i][j][k]+v[i][j-1][k+1]+v[i][j][k+1]>0.0)
            adv_w[i][j][k]+=0.25*(v[i][j-1][k]+v[i][j][k]+v[i][j-1][k+1]
                    +v[i][j][k+1])*(w[i][j][k]-w[i][j-1][k])/h;
        else
            adv_w[i][j][k]+=0.25*(v[i][j-1][k]+v[i][j][k]+v[i][j-1][k+1]
                    +v[i][j][k+1])*(w[i][j+1][k]-w[i][j][k])/h;
        if (w[i][j][k] > 0.0)
            adv_w[i][j][k] += w[i][j][k]*(w[i][j][k]-w[i][j][k-1])/h;
        else
            adv_w[i][j][k] += w[i][j][k]*(w[i][j][k+1]-w[i][j][k])/h;}
    }
}
void temp_uvw(double ***tu, double ***tv, double ***tw,
              double ***u, double ***v, double ***w,
              double ***adv_u, double ***adv_v, double ***adv_w) {
    int i, j, k;

for (i=1; i<Nx; i++) {
    jkloop {
    tu[i][j][k] = u[i][j][k]+dt*((u[i+1][j][k]+u[i-1][j][k]
        -6.0*u[i][j][k]+u[i][j+1][k]+u[i][j-1][k]+u[i][j][k+1]
        +u[i][j][k-1])/(Re*h2)-adv_u[i][j][k]);}
}
for (j=1; j<Ny; j++) {
    ikloop {
    tv[i][j][k] = v[i][j][k]+dt*((v[i+1][j][k]+v[i-1][j][k]
```

제 1 절 3차원 나비어-스톡스 방정식

```
                -6.0*v[i][j][k]+v[i][j+1][k]+v[i][j-1][k]+v[i][j][k+1]
                +v[i][j][k-1])/(Re*h2)-adv_v[i][j][k]);}
}
for (k=1; k<Nz; k++) {
   ijloop {
   tw[i][j][k] = w[i][j][k]+dt*((w[i+1][j][k]+w[i-1][j][k]
             -6.0*w[i][j][k]+w[i][j+1][k]+w[i][j-1][k]+w[i][j][k+1]
             +w[i][j][k-1])/(Re*h2)-adv_w[i][j][k]);
       }
    }
}
void div_uvw(double ***tu, double ***tv, double ***tw,
             double ***divuvw, int Nxt, int Nyt, int Nzt) {
   int i, j, k;
   double ht;

   ht = (xright-xleft)/(double)Nxt;
 ijkloopt {
   divuvw[i][j][k] = (tu[i][j][k]-tu[i-1][j][k]+tv[i][j][k]
             -tv[i][j-1][k]+tw[i][j][k]-tw[i][j][k-1])/ht;}
}
void source_uvw(double ***tu, double ***tv, double ***tw,
             double ***divuvw, int Nxt, int Nyt, int Nzt) {
   int i, j, k;

   div_uvw(tu, tv, tw, divuvw, Nxt, Nyt, Nzt);
   ijkloopt {
       divuvw[i][j][k] /= dt;}
}
void cube_copy(double ***a, double ***b, int i_start, int i_end,
             int j_start, int j_end, int k_start, int k_end) {
```

```
    int i, j, k;

    for (i=i_start; i<=i_end; i++) {
        for (j=j_start; j<=j_end; j++) {
            for (k = k_start; k <= k_end; k++) {
                a[i][j][k] = b[i][j][k];}
        }
    }
}
void relax_p(double ***p,double ***f,int Nxt,int Nyt,int Nzt) {
    int i, j, k, iter;
    double ht2, coef, src;

    ht2 = pow((xright-xleft)/(double)Nxt, 2);
    for (iter=1; iter<=p_relax; iter++) {
        ijkloopt {
            src = f[i][j][k];
            if (i==1) {
                src -= p[2][j][k]/ht2;
                coef = -1.0/ht2;}
            else if (i==Nxt) {
                src -= p[Nxt-1][j][k]/ht2;
                coef = -1.0/ht2;}
            else {
                src -= (p[i+1][j][k]+p[i-1][j][k])/ht2;
                coef = -2.0/ht2;}
            if (j==1) {
                src -= p[i][2][k]/ht2;
                coef -= 1.0/ht2;}
            else if (j==Nyt) {
                src -= p[i][Nyt-1][k]/ht2;
```

제 1 절 3차원 나비어-스톡스 방정식   101

```
                    coef -= 1.0/ht2;}
            else {
                src -= (p[i][j+1][k]+p[i][j-1][k])/ht2;
                coef -= 2.0/ht2;}
            if (k==1) {
                src -= p[i][j][2]/ht2;
                coef -= 1.0/ht2;}
            else if (k==Nzt) {
                src -= p[i][j][Nzt-1]/ht2;
                coef -= 1.0/ht2;}
            else {
                src -= (p[i][j][k+1]+p[i][j][k-1])/ht2;
                coef -= 2.0/ht2;}
            p[i][j][k] = src/coef;}
    }
}
double ***cube(int i_start, int i_end, int j_start,
               int j_end, int k_start, int k_end){
    int i, j, nrow = i_end-i_start+1,
        ncol = j_end-j_start+1, ndep = k_end-k_start+1;
    double ***t;

    t = (double ***)malloc(((nrow)*sizeof(double **)));
    t -= i_start;
    t[i_start] = (double **)malloc(((nrow*ncol)
            *sizeof(double *)));
    t[i_start] -= j_start;
    t[i_start][j_start] = (double *)malloc(((nrow*ncol*ndep)
            *sizeof(double)));
    t[i_start][j_start] -= k_start;
    for (j=j_start+1; j<=j_end; j++) {
```

```
            t[i_start][j] = t[i_start][j-1]+ndep;}

    for (i=i_start+1; i<=i_end; i++) {
        t[i] = t[i-1]+ncol;
        t[i][j_start] = t[i-1][j_start]+ncol*ndep;
        for (j=j_start+1; j<=j_end; j++) {
            t[i][j] = t[i][j-1]+ndep;}
    }
    return t;
}
void grad_p(double ***p, double ***dpdx, double ***dpdy,
            double ***dpdz, int Nxt, int Nyt, int Nzt) {
    int i, j, k;
    double ht;

    ht = (xright-xleft)/(double)Nxt;
    i0jkloopt {
        if (i==0 || i==Nxt) {
            dpdx[i][j][k] = 0.0;}
        else {
            dpdx[i][j][k] = (p[i+1][j][k]-p[i][j][k])/ht;}
    }
    ij0kloopt {
        if (j==0 || j==Nyt) {
            dpdy[i][j][k] = 0.0;}
        else {
            dpdy[i][j][k] = (p[i][j+1][k]-p[i][j][k])/ht;}
    }
    ijk0loopt {
        if (k==0 || k==Nzt) {
            dpdz[i][j][k] = 0.0;}
```

제 1 절 3차원 나비어-스톡스 방정식   103

```
        else {
            dpdz[i][j][k] = (p[i][j][k+1]-p[i][j][k])/ht;}
    }
}
void free_cube(double ***t, int i_start, int i_end,
               int j_start, int j_end, int k_start, int k_end) {
    free((t[i_start][j_start]+k_start));
    free((t[i_start]+j_start));
    free((t+i_start));
}
void Laplace_p(double ***p, double ***lap_p,
               int Nxt, int Nyt, int Nzt) {
    double ***dpdx, ***dpdy, ***dpdz;

    dpdx = cube(0, Nxt, 1, Nyt, 1, Nzt);
    dpdy = cube(1, Nxt, 0, Nyt, 1, Nzt);
    dpdz = cube(1, Nxt, 1, Nyt, 0, Nzt);
    grad_p(p, dpdx, dpdy, dpdz, Nxt, Nyt, Nzt);
    div_uvw(dpdx, dpdy, dpdz, lap_p, Nxt, Nyt, Nzt);
    free_cube(dpdx, 0, Nxt, 1, Nyt, 1, Nzt);
    free_cube(dpdy, 1, Nxt, 0, Nyt, 1, Nzt);
    free_cube(dpdz, 1, Nxt, 1, Nyt, 0, Nzt);
}
void cube_sub(double ***a, double ***b, double ***c,
              int i_start, int i_end, int j_start,
              int j_end, int k_start, int k_end) {
    int i, j, k;

    for (i=i_start; i<=i_end; i++) {
        for (j=j_start; j<=j_end; j++) {
            for (k=k_start; k<=k_end; k++) {
```

```
                        a[i][j][k] = b[i][j][k]-c[i][j][k];}
            }
        }
}
void residual_p(double ***r, double ***u, double ***f,
                int Nxt, int Nyt, int Nzt) {
    Laplace_p(u, r, Nxt, Nyt, Nzt);
    cube_sub(r, f, r, 1, Nxt, 1, Nyt, 1, Nzt);
}
void restrict3D(double ***uf, double ***uc,
                int Nxt, int Nyt, int Nzt) {
    int i, j, k;

    ijkloopt
        uc[i][j][k] = 0.125*(uf[2*i-1][2*j-1][2*k-1]
        +uf[2*i-1][2*j][2*k-1]+uf[2*i][2*j-1][2*k-1]
        +uf[2*i][2*j][2*k-1]+uf[2*i-1][2*j-1][2*k]
        +uf[2*i-1][2*j][2*k]+uf[2*i][2*j-1][2*k]
        +uf[2*i][2*j][2*k]);
}
void zero_cube(double ***a, int i_start, int i_end,
               int j_start, int j_end, int k_start, int k_end) {
    int i, j, k;

    for (i=i_start; i<=i_end; i++) {
        for (j=j_start; j<=j_end; j++) {
            for (k=k_start; k<=k_end; k++) {
                a[i][j][k] = 0.0;}
        }
    }
}
```

제 1 절 3차원 나비어-스톡스 방정식

```
void prolong(double ***uc, double ***uf,
             int Nxt, int Nyt, int Nzt) {
    int i, j, k;

    ijkloopt {
        uf[2*i-1][2*j-1][2*k-1] = uc[i][j][k];
        uf[2*i-1][2*j][2*k-1] = uc[i][j][k];
        uf[2*i][2*j-1][2*k-1] = uc[i][j][k];
        uf[2*i][2*j][2*k-1] = uc[i][j][k];
        uf[2*i-1][2*j-1][2*k] = uc[i][j][k];
        uf[2*i-1][2*j][2*k] = uc[i][j][k];
        uf[2*i][2*j-1][2*k] = uc[i][j][k];
        uf[2*i][2*j][2*k] = uc[i][j][k];}
}
void cube_add(double ***a, double ***b, double ***c,
              int i_start, int i_end, int j_start,
              int j_end, int k_start, int k_end) {
    int i, j, k;

    for (i=i_start; i<=i_end; i++) {
        for (j=j_start; j<=j_end; j++) {
            for (k=k_start; k<=k_end; k++) {
                a[i][j][k] = b[i][j][k]+c[i][j][k];}
        }
    }
}
void vcycle_uvw(double ***uf, double ***ff,
                int Nxf, int Nyf, int Nzf, int ilevel) {
    relax_p(uf, ff, Nxf, Nyf, Nzf);

    if (ilevel<n_level) {
```

```
            int Nxc, Nyc, Nzc;
            double ***rf, ***uc, ***fc;
            Nxc = Nxf/2;
            Nyc = Nyf/2;
            Nzc = Nzf/2;
            rf = cube(1, Nxf, 1, Nyf, 1, Nzf);
            uc = cube(1, Nxc, 1, Nyc, 1, Nzc);
            fc = cube(1, Nxc, 1, Nyc, 1, Nzc);
            residual_p(rf, uf, ff, Nxf, Nyf, Nzf);
            restrict3D(rf, fc, Nxc, Nyc, Nzc);
            zero_cube(uc, 1, Nxc, 1, Nyc, 1, Nzc);
            vcycle_uvw(uc, fc, Nxc, Nyc, Nzc, ilevel+1);
            prolong(uc, rf, Nxc, Nyc, Nzc);
            cube_add(uf, uf, rf, 1, Nxf, 1, Nyf, 1, Nzf);
            relax_p(uf, ff, Nxf, Nyf, Nzf);
            free_cube(rf, 1, Nxf, 1, Nyf, 1, Nzf);
            free_cube(uc, 1, Nxc, 1, Nyc, 1, Nzf);
            free_cube(fc, 1, Nxc, 1, Nyc, 1, Nzf);}
}
void pressure_update(double ***a) {
    int i, j, k;
    double ave = 0.0;

    ijkloop {
        ave = ave+a[i][j][k];}
    ave /= (Nx+0.0)*(Ny+0.0)*(Nz+0.0);
    ijkloop {
        a[i][j][k] -= ave;}
}
double norm3D(double ***a, int i_start, int i_end,
              int j_start, int j_end, int k_start, int k_end) {
```

제 1 절 3차원 나비어-스톡스 방정식

```
    int i, j, k;
    float value = 0.0;

    for (i=i_start; i<=i_end; i++)
        for (j=j_start; j<=j_end; j++)
            for (k=k_start; k<=k_end; k++) {
                value += a[i][j][k]*a[i][j][k];}
    return sqrt(value/((i_end-i_start+1.0)
            *(j_end-j_start+1.0)*(k_end-k_start+1.0)));
}
void MG_Poisson(double ***p, double ***f) {
    int i, j, k, max_it = 2000, it_MG = 1;
    double tol_MG = 1.0e-5, resid = 1.0;

    cube_copy(workv, p, 1, Nx, 1, Ny, 1, Nz);
    while (it_MG<=max_it && resid>=tol_MG) {
        vcycle_uvw(p, f, Nx, Ny, Nz, 1);
        pressure_update(p); it_MG++;
        ijkloop {
            sor[i][j][k] = workv[i][j][k]-p[i][j][k];}
        resid = norm3D(sor, 1, Nx, 1, Ny, 1, Nz);
        cube_copy(workv, p, 1, Nx, 1, Ny, 1, Nz);}
    printf("Pressure iteration = %d   residual = %16.15f \n",
            it_MG, resid);
}
void Poisson(double ***tu, double ***tv,
            double ***tw, double ***p) {
    source_uvw(tu, tv, tw, workp, Nx, Ny, Nz);
    MG_Poisson(p, workp);
}
void full_step(double ***u, double ***v, double ***w,
```

```
              double ***nu, double ***nv, double ***nw, double ***p) {
    int i, j, k;

    advection_uvw(u, v, w, adv_u, adv_v, adv_w);
    temp_uvw(tu, tv, tw, u, v, w, adv_u, adv_v, adv_w);
    Poisson(tu, tv, tw, p);
    grad_p(p, worku, workv, workw, Nx, Ny, Nz);
    for (i=1; i<Nx; i++) {
        jkloop {
            nu[i][j][k] = tu[i][j][k]-dt*worku[i][j][k];}
    }
    for (j=1; j<Ny; j++) {
        ikloop {
            nv[i][j][k] = tv[i][j][k]-dt*workv[i][j][k];}
    }
    for (k=1; k<Nz; k++) {
        ijloop {
            nw[i][j][k] = tw[i][j][k]-dt*workw[i][j][k];
        }
    }
}
void print_data(double ***u, double ***v, double ***w,
                double ***p) {
    int i, j, k;
    FILE *fu, *fv, *fw, *fp;

    fu = fopen(bufferu, "a");
    fv = fopen(bufferv, "a");
    fw = fopen(bufferw, "a");
    fp = fopen(bufferp, "a");
    iloop {
```

제 1 절 3차원 나비어–스톡스 방정식

```
        jloop {
            kloop {
            fprintf(fu, "  %16.14f",0.5*(u[i][j][k]+u[i-1][j][k]));
            fprintf(fv, "  %16.14f",0.5*(v[i][j][k]+v[i][j-1][k]));
            fprintf(fw, "  %16.14f",0.5*(w[i][j][k]+w[i][j][k-1]));
            fprintf(fp, "  %16.14f",  p[i][j][k]);}
            }
        }
    fprintf(fu, "\n");
    fprintf(fv, "\n");
    fprintf(fw, "\n");
    fprintf(fp, "\n");
    fclose(fu);
    fclose(fv);
    fclose(fw);
    fclose(fp);
}
int main() {
    extern int Nx, Ny, Nz, n_level, p_relax;
    extern double ***sor, h, h2, bdvel, ***tu, ***tv, ***tw,
        ***workp, ***worku, ***workv, ***workw, ***adv_u,
        ***adv_v, ***adv_w, dt,vxleft, xright, yleft, yright,
        zleft, zright, Re;
    extern char bufferu[20],bufferv[20],bufferw[20],bufferp[20];
    int it, max_it, ns, count = 1;
    double ***u, ***v, ***w, ***nu, ***nv, ***nw, ***p;
    FILE *fu, *fv, *fw, *fp;

    p_relax = 5;
    Nx = GNx;
    Ny = GNy;
```

```
Nz = GNz;
n_level = (int)(log(Ny)/log(2.0)+0.1)-1;
bdvel = 1.0;
xleft = 0.0, xright = 1.0;
yleft = 0.0, yright = 1.0;
zleft = 0.0, zright = 1.0;
h = (xright-xleft)/(double)Nx; h2 = pow(h, 2);
max_it = 50;
ns = max_it/10;
Re = 10.0;
dt = 0.1*h2*Re;
p = cube(1, Nx, 1, Ny, 1, Nz);
sor = cube(1, Nx, 1, Ny, 1, Nz);
workp = cube(0, Nx+1, 0, Ny+1, 0, Nz+1);
worku = cube(0, Nx+1, 0, Ny+1, 0, Nz+1);
workv = cube(0, Nx+1, 0, Ny+1, 0, Nz+1);
workw = cube(0, Nx+1, 0, Ny+1, 0, Nz+1);
u = cube(-1, Nx+1, 0, Ny+1, 0, Nz+1);
v = cube(0, Nx+1, -1, Ny+1, 0, Nz+1);
w = cube(0, Nx+1, 0, Ny+1, -1, Nz+1);
nu = cube(-1, Nx+1, 0, Ny+1, 0, Nz+1);
nv = cube(0, Nx+1, -1, Ny+1, 0, Nz+1);
nw = cube(0, Nx+1, 0, Ny+1, -1, Nz+1);
tu = cube(0, Nx, 1, Ny, 1, Nz);
tv = cube(1, Nx, 0, Ny, 1, Nz);
tw = cube(1, Nz, 1, Ny, 0, Nz);
adv_u = cube(0, Nx, 1, Ny, 1, Nz);
adv_v = cube(1, Nx, 0, Ny, 1, Nz);
adv_w = cube(1, Nx, 1, Nz, 0, Nz);
zero_cube(tu, 0, Nx, 1, Ny, 1, Nz);
zero_cube(tv, 1, Nx, 0, Ny, 1, Nz);
```

제 1 절 3차원 나비어-스톡스 방정식

```
    zero_cube(tw, 1, Nx, 1, Ny, 0, Nz);
    sprintf(bufferu, "u.m");
    sprintf(bufferv, "v.m");
    sprintf(bufferw, "w.m");
    sprintf(bufferp, "p.m");
    fu = fopen(bufferu, "w");
    fv = fopen(bufferv, "w");
    fw = fopen(bufferw, "w");
    fp = fopen(bufferp, "w");
    fclose(fu);
    fclose(fv);
    fclose(fw);
    fclose(fp);
    initialization(p, u, v, w);
    print_data(u, v, w, p);
    cube_copy(nu, u, 0, Nx, 1, Ny, 1, Nz);
    cube_copy(nv, v, 1, Nx, 0, Ny, 1, Nz);
    cube_copy(nw, w, 1, Nx, 1, Ny, 0, Nz);

    for (it=1; it<=max_it; it++) {
        printf("iteration = %d\n", it);
        full_step(u, v, w, nu, nv, nw, p);
        cube_copy(u, nu, 0, Nx, 1, Ny, 1, Nz);
        cube_copy(v, nv, 1, Nx, 0, Ny, 1, Nz);
        cube_copy(w, nw, 1, Nx, 1, Ny, 0, Nz);
        if (it%ns==0) {
            print_data(nu, nv, nw, p);
            printf("print out counts %d \n", count);
            count++;}
    }
    return 0;
```

```
}
```

[4.3 그림]은 다음 MATLAB 코드를 실행해 얻은 결과입니다.

```
clear; clc; close all;
ss=sprintf('u.m'); uu=load(ss);
ss=sprintf('v.m'); vv=load(ss);
ss=sprintf('w.m'); ww=load(ss);
nx=16; ny=16; nz=16;
yright=1; xright=1; zright=1; h=xright/nx;
x=linspace(0.5*h,xright-0.5*h,nx);
y=linspace(0.5*h,yright-0.5*h,ny);
z=linspace(0.5*h,zright-0.5*h,nz);
[xx,yy,zz]=meshgrid(x,y,z);
N=size(uu,1);
for kk=1:N
    for i=1:nx
        for j=1:ny
            for k=1:nz
                u(j,i,k)=uu(kk,(i-1)*nz*ny+(j-1)*nz+k);
                v(j,i,k)=vv(kk,(i-1)*nz*ny+(j-1)*nz+k);
                w(j,i,k)=ww(kk,(i-1)*nz*ny+(j-1)*nz+k);
            end
        end
    end
    figure; k = 2; s=0.2;
    quiver3(xx(1:k:nx,1:k:ny,1:k:nz),yy(1:k:nx,1:k:ny,1:k:nz),...
        zz(1:k:nx,1:k:ny,1:k:nz), s*u(1:k:nx,1:k:ny,1:k:nz),...
        s*v(1:k:nx,1:k:ny,1:k:nz),s*w(1:k:nx,1:k:ny,1:k:nz),0);
    view(7,13)
    axis image; axis ([0 1 0 1 0 1]); box on;
    set(gca,'xtick',[],'ytick',[],'ztick',[],'BoxStyle','full');
```

제 1 절 3차원 나비어-스톡스 방정식

end

5장

2차원 칸-힐리아드 방정식(Cahn–Hilliard equation)

이 장에서는 상 분리 현상을 시뮬레이션하는 2차원 칸-힐리아드 방정식에 대한 수치적인 방법을 소개합니다. Eyre의 무조건 안정적인 수치방법을 이용하여 칸-힐리아드 방정식을 이산화하고, 도출되는 이산 시스템 방정식을 비선형 멀티그리드 방법을 사용하여 풉니다.

제 1 절 2차원 칸-힐리아드 방정식

$$\frac{\partial \phi(x,y,t)}{\partial t} = M\Delta\mu(x,y,t), \quad (x,y) \in \Omega, \quad t > 0, \tag{5.1}$$

$$\mu(x,y,t) = F'(\phi(x,y,t)) - \epsilon^2 \Delta\phi(x,y,t). \tag{5.2}$$

위 식에서 M은 유동성, $F(\phi) = 0.25(\phi^2 - 1)^2$는 자유 에너지 함수 ([5.1 그림]을 참고), ϵ은 그래디언트 계면 에너지 상수, $\Omega \subset \mathbb{R}^2$는 열린유계 영역입니다. 경계조건은

$$\mathbf{n} \cdot \nabla\phi = 0, \tag{5.3}$$

$$\mathbf{n} \cdot \nabla\mu = 0 \text{ on } \partial\Omega \tag{5.4}$$

입니다. $\mathbf{n}$은 영역 경계에서 단위 법선 벡터입니다. 첫 번째 경계조건 (5.3)은 상태장 경계가 영역의 경계와 90°로 만남을 뜻합니다. 두 번째 경계조건 (5.4)는 시스템의 총 상태장이 보존됨을 의미합니다.

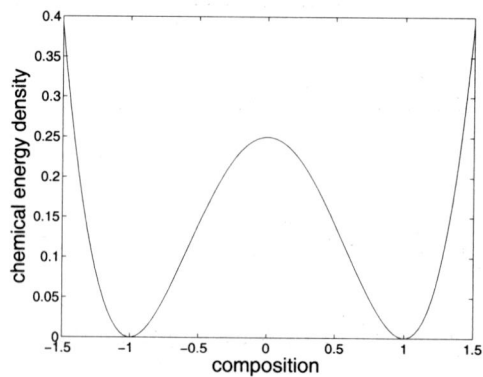

그림 5.1: 이중 우물 포텐셜 $F(\phi) = 0.25(\phi^2 - 1)^2$.

칸-힐리아드 방정식은 다음의 범함수 Ginzburg-Landau 자유 에너지(free energy)로부터 도출해낼 수 있습니다.

$$\mathcal{E}(\phi) := \int_\Omega \left(F(\phi) + \frac{\epsilon^2}{2}|\nabla\phi|^2 \right) d\mathbf{x}. \tag{5.5}$$

화학 포텐셜 μ는 ϕ에 대한 범함수 $\mathcal{E}$의 변분 미분(variational derivative)이며, 다음과 같습니다.

$$\mu = \frac{\delta\mathcal{E}}{\delta\phi} = F'(\phi) - \epsilon^2\Delta\phi.$$

질량 보존의 법칙에 의하여, 칸-힐리아드 방정식을 구할 수 있습니다.

$$\frac{\partial\phi}{\partial t} = -\nabla\cdot\mathcal{F},$$

플럭스는 $\mathcal{F} = -M\nabla\mu$로 계산됩니다. 여기서 $M > 0$입니다. 에너지 $\mathcal{E}$와 총 상태장 $\int_\Omega \phi\, d\mathbf{x}$를 미분하면 다음과 같은 식을 얻을 수 있습니다.

$$\frac{d}{dt}\mathcal{E}(\phi) = \int_\Omega \left[F'(\phi)\phi_t + \epsilon^2\nabla\phi\cdot\nabla\phi_t \right] d\mathbf{x} = \int_\Omega \mu\phi_t\, d\mathbf{x} = M\int_\Omega \mu\Delta\mu\, d\mathbf{x}$$

제 2 절 수치 해법

$$= M \int_{\partial\Omega} \mu \nabla\mu \cdot \mathbf{n} \, \mathrm{d}s - M \int_{\Omega} \nabla\mu \cdot \nabla\mu \, \mathrm{d}\mathbf{x} = -M \int_{\Omega} |\nabla\mu|^2 \, \mathrm{d}\mathbf{x}$$
$$\leq 0 \tag{5.6}$$

그리고

$$\frac{d}{dt}\int_{\Omega} \phi \, \mathrm{d}\mathbf{x} = \int_{\Omega} \phi_t \, \mathrm{d}\mathbf{x} = M \int_{\Omega} \Delta\mu \, \mathrm{d}\mathbf{x} = M \int_{\partial\Omega} \nabla\mu \cdot \mathbf{n} \, \mathrm{d}s = 0 \tag{5.7}$$

입니다. 위 식에서 플럭스가 없는 경계조건(no-flux boundary condition)인 (5.4)식을 사용하였습니다. 따라서, 총 에너지는 감소하며, 총 상태장은 시간에 대하여 일정합니다.

제 2 절 수치 해법

칸-힐리아드 방정식의 유한 차분 근사에 대하여 소개합니다. Eyre가 개발한 무조건 안정적인 방법(unconditionally gradient stable scheme)을 사용하여 시간을 이산화합니다. 비선형 멀티그리드 방법을 사용하여 도출되는 시스템을 시간에 대하여 함축적으로 풉니다.

2.1 이산화

2차원 공간 $\Omega = (a,b) \times (c,d)$에서 칸-힐리아드 방정식을 이산화합니다. 정수 m과 n에 대하여 $N_x = 2^m$과 $N_y = 2^n$은 격자의 개수입니다. 격자의 크기는 $\Delta x = (b-a)/N_x$, $\Delta y = (d-c)/N_y$로 정의됩니다. 계산하는 이산 영역은 $\Omega_{ij} = \{(x_i, y_j) | x_i = a + (i-0.5)\Delta x, \ y_j = c + (j-0.5)\Delta y, \ 1 \leq i \leq N_x, \ 1 \leq j \leq N_y\}$이고, 각 격자점에서 근사해 계산을 합니다. 또한, 이산 시간 $t_n = n\Delta t$와 시간 간격 Δt에 대하여 ϕ_{ij}^n와 μ_{ij}^n는 각각 $\phi(x_i, y_j, t_n)$와 $\mu(x_i, y_j, t_n)$의 간단한 표기입니다.

단위 영역 $\Omega = (0,1) \times (0,1)$과 $N_x = N_y = 2^m$이 사용되었다고 가정합니다. 즉, 격자 $h = \Delta x = \Delta y = 1/N_x$을 사용하였습니다. 유동성은 $M = 1$라고 가정합니다. 비선형 안정화 분할 방법(nonlinear stabilized splitting scheme)을

사용하여 칸-힐리아드 방정식을 다음과 같이 이산화할 수 있습니다.

$$\frac{\phi_{ij}^{n+1} - \phi_{ij}^n}{\Delta t} = \Delta_d \mu_{ij}^{n+1}, \tag{5.8}$$

$$\mu_{ij}^{n+1} = (\phi_{ij}^{n+1})^3 - \phi_{ij}^n - \epsilon^2 \Delta_d \phi_{ij}^{n+1}. \tag{5.9}$$

위 식에서 이산 라플라스 연산자는

$$\Delta_d \phi_{ij}^{n+1} = \frac{\phi_{i+1,j}^{n+1} + \phi_{i-1,j}^{n+1} + \phi_{i,j+1}^{n+1} + \phi_{i,j-1}^{n+1} - 4\phi_{ij}^{n+1}}{h^2}$$

로 정의됩니다. 제로 노이만 경계조건 (5.3) 식은 다음과 같이 이산화됩니다.

$$\phi_{0j} = \phi_{1j}, \ \phi_{N_x+1,j} = \phi_{N_xj} \text{ for } j = 1,\ldots,N_y, \tag{5.10}$$

$$\phi_{i0} = \phi_{i1}, \ \phi_{i,N_y+1} = \phi_{iN_y} \text{ for } i = 1,\ldots,N_x. \tag{5.11}$$

$$\mu_{0j} = \mu_{1j}, \ \mu_{N_x+1,j} = \mu_{N_xj} \text{ for } j = 1,\ldots,N_y, \tag{5.12}$$

$$\mu_{i0} = \mu_{i1}, \ \mu_{i,N_y+1} = \mu_{iN_y} \text{ for } i = 1,\ldots,N_x. \tag{5.13}$$

(5.8) 식과 (5.9) 식은 상태장을 보존합니다. 즉,

$$\sum_{i=1}^{N_x}\sum_{j=1}^{N_y}\phi_{ij}^{n+1} = \sum_{i=1}^{N_x}\sum_{j=1}^{N_y}\phi_{ij}^n. \tag{5.14}$$

이 성립합니다. 보존성을 입증하기 위하여 (5.8) 식의 이산 합을 구하면 다음을 얻습니다.

$$\sum_{i=1}^{N_x}\sum_{j=1}^{N_y}\frac{\phi_{ij}^{n+1} - \phi_{ij}^n}{\Delta t} = \sum_{i=1}^{N_x}\sum_{j=1}^{N_y}\Delta_d \mu_{ij}^{n+1} = \sum_{j=1}^{N_y}\left(\frac{\mu_{N_x+1,j}^{n+1} - \mu_{N_xj}^{n+1}}{h^2} - \frac{\mu_{1j}^{n+1} - \mu_{0j}^{n+1}}{h^2}\right)$$

$$+ \sum_{i=1}^{N_x}\left(\frac{\mu_{i,N_y+1}^{n+1} - \mu_{iN_y}^{n+1}}{h^2} - \frac{\mu_{i1}^{n+1} - \mu_{i0}^{n+1}}{h^2}\right) = 0. \tag{5.15}$$

위 식에서 제로 노이만 경계조건인 (5.12) 식과 (5.13) 식을 사용하였습니다. 따라서, (5.14) 식이 성립합니다. 또한 이산 에너지 함수는 다음과 같이 정

제 2 절 수치 해법

의할 수 있습니다.

$$\mathcal{E}^h(\phi^n) = h^2 \sum_{i=1}^{N_x} \sum_{j=1}^{N_y} F(\phi_{ij}^n) \tag{5.16}$$

$$+ \frac{\epsilon^2}{2} \sum_{j=1}^{N_y} \left(\frac{(\phi_{1j}^n - \phi_{0j}^n)^2}{2} + \sum_{i=1}^{N_x-1} (\phi_{i+1,j}^n - \phi_{ij}^n)^2 + \frac{(\phi_{N_x+1,j}^n - \phi_{N_xj}^n)^2}{2} \right)$$

$$+ \frac{\epsilon^2}{2} \sum_{i=1}^{N_x} \left(\frac{(\phi_{i1}^n - \phi_{i0}^n)^2}{2} + \sum_{j=1}^{N_y-1} (\phi_{i,j+1}^n - \phi_{ij}^n)^2 + \frac{(\phi_{i,N_y+1}^n - \phi_{iN_y}^n)^2}{2} \right).$$

더불어 이산 총 상태장 $\mathcal{M}^h(\phi^n)$을 다음과 같이 정의합니다.

$$\mathcal{M}^h(\phi^n) = h^2 \sum_{i=1}^{N_x} \sum_{j=1}^{N_y} \phi_{ij}^n. \tag{5.17}$$

이 방법은 이산 총 에너지 감소(decrease of the discrete total energy) [36]를 만족합니다.

$$\mathcal{E}^h(\phi^{n+1}) \leq \mathcal{E}^h(\phi^n). \tag{5.18}$$

즉, 수치 해법이 점마다 유계임을 뜻합니다.

$$\|\phi^n\|_\infty \leq \sqrt{1 + 2\sqrt{\mathcal{E}^h(\phi^0)/h^2}}, \quad \text{모든 } n \text{에 대하여.} \tag{5.19}$$

참고 문헌 [21]에서 (5.19) 식의 증명을 찾을 수 있습니다. 설명의 완전성을 위하여 증명을 반복합니다. 모든 n에 대하여

$$\|\phi^n\|_\infty \leq K, \tag{5.20}$$

를 만족하는 상수 K가 존재함을 보이려고 합니다. 역으로, 모든 K에 대하여 $\|\phi^{n_K}\|_\infty > K$를 만족하는 정수 n_K가 존재한다고 가정합니다. 그러면 $|\phi_{ij}^{n_K}| > K$를 만족하는 인덱스 i, j ($1 \leq i \leq N_x$, $1 \leq j \leq N_y$)가 존재합니다. 여기서, $\mathcal{E}^h(\phi^0) = h^2 F(K)$의 가장 큰 해가 K라고 가정합시다. 즉, $K = \sqrt{1 + 2\sqrt{\mathcal{E}^h(\phi^0)/h^2}}$입

니다. $K \geq 1$임을 참고하시기 바랍니다. 그러면 (K, ∞)에서 $F(\phi)$는 강한 증가 함수이고([5.2 그림] 참고), 총 에너지는 감소하고, 따라서 $\mathcal{E}^h(\phi^0) = h^2 F(K) < h^2 F(|\phi_{ij}^{nK}|) \leq \mathcal{E}^h(\phi^{nK}) \leq \mathcal{E}^h(\phi^0)$를 얻습니다. 이는 모순이므로 (5.20) 식이 성립한다고 할 수 있습니다.

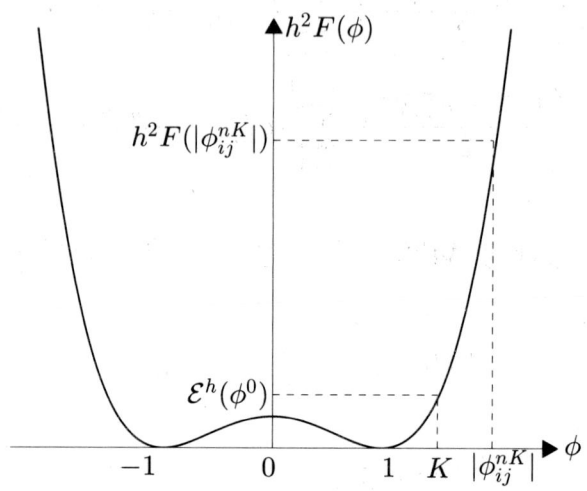

그림 5.2: $h^2 F(\phi)$의 그래프.

2.2 멀티그리드 V-사이클 알고리즘

(5.8) 식과 (5.9) 식의 비선형 이산 시스템을 풀기 위하여 비선형 전체 근사치 저장(FAS) 멀티그리드 방법을 사용합니다. 이산 칸-힐리아드 시스템을 풀기 위한 비선형 멀티그리드 방법의 알고리즘은 다음과 같습니다.

먼저, (5.8) 식과 (5.9) 식을 다음과 같이 표기합시다.

$$NSO(\phi^{n+1}, \mu^{n+1}) = (\xi^n, \psi^n).$$

여기서 선형 연산자 NSO는

$$NSO(\phi^{n+1}, \mu^{n+1}) = \left(\frac{\phi^{n+1}}{\Delta t} - \Delta_d \mu^{n+1}, \ \mu^{n+1} - (\phi^{n+1})^3 + \epsilon^2 \Delta_d \phi^{n+1} \right)$$

제 2 절 수치 해법

로 정의되고, 소스 항은

$$(\xi^n, \psi^n) = \left(\frac{\phi^n}{\Delta t}, \; -\phi^n\right) \tag{5.21}$$

입니다. 이제, 멀티그리드 방법을 소개합니다. 멀티그리드 방법은 프리-스무싱, 오차 수정, 포스트-스무싱 과정을 포함합니다. 멀티그리드 단계 k에 대하여 이산 영역에서 격자 Ω_k를 정의합니다. 격자 Ω_k는 $2^k \times 2^k$개의 격자 점을 가지고 있습니다. k_{min}가 단순한 멀티그리드 단계이라고 가정합니다. 이제 V-사이클 알고리즘을 소개합니다. 주어진 프리-스무싱 상수와 포스트-스무싱 상수 ν에 대하여, V-사이클을 멀티그리드 방법의 한 시점에서 사용됩니다.

FAS 멀티그리드 사이클

$$\{\phi_k^{m+1}, \mu_k^{m+1}\} = FAScycle(k, \phi_k^m, \mu_k^m, NSO_k, \xi_k^n, \psi_k^n, \nu).$$

즉, $\{\phi_k^m, \mu_k^m\}$과 $\{\phi_k^{m+1}, \mu_k^{m+1}\}$는 FAS 사이클 전후 $\phi^{n+1}(x_i, y_j)$와 $\mu^{n+1}(x_i, y_j)$ 사이의 근삿값입니다.

1 단계) 프리-스무싱(Pre-smoothing)

$$\{\bar{\phi}_k^m, \bar{\mu}_k^m\} = SMOOTH^\nu(\phi_k^m, \mu_k^m, NSO_k, \xi_k^n, \psi_k^n),$$

는 초기 근사 ϕ_k^m, μ_k^m, 소스 항 ξ_k^n, ψ_k^n, $SMOOTH$ 스무싱 연산자를 사용하여 ν 평활화 스텝을 통해 근삿값 $\bar{\phi}_k^m$, $\bar{\mu}_k^m$를 얻습니다. 하나의 $SMOOTH$ 스무싱 연산자는 아래 주어진 (5.24) 식과 (5.25) 식을 i와 j에 대하여 2×2 역행렬을 통해 푸는 것을 포함합니다. 여기서 2차원 스무싱 연산자를 구합니다. (5.8) 식을 정리하면, 다음을 얻습니다.

$$\frac{\phi_{ij}^{n+1}}{\Delta t} + \frac{4\mu_{ij}^{n+1}}{h^2} = \xi_{ij}^n + \frac{\mu_{i+1,j}^{n+1} + \mu_{i-1,j}^{n+1} + \mu_{i,j+1}^{n+1} + \mu_{i,j-1}^{n+1}}{h^2}. \tag{5.22}$$

$(\phi_{ij}^{n+1})^3$는 ϕ_{ij}^{n+1}에 대하여 비선형이므로, $(\phi_{ij}^{n+1})^3$를 ϕ_{ij}^m에서 선형화합니다. 즉,

$$(\phi_{ij}^{n+1})^3 \approx (\phi_{ij}^m)^3 + 3(\phi_{ij}^m)^2(\phi_{ij}^{n+1} - \phi_{ij}^m).$$

이것을 (5.9) 식에 대입하면,

$$-\left(\frac{4\epsilon^2}{h^2}+3(\phi_{ij}^m)^2\right)\phi_{ij}^{n+1}+\mu_{ij}^{n+1}=\psi_{ij}^n-2(\phi_{ij}^m)^3 \qquad (5.23)$$
$$-\frac{\epsilon^2}{h^2}(\phi_{i+1,j}^{n+1}+\phi_{i-1,j}^{n+1}+\phi_{i,j+1}^{n+1}+\phi_{i,j-1}^{n+1})$$

를 얻습니다. 다음으로, 만약 $ii \leq i$이고 $jj \leq j$이면 (5.22) 식과 (5.23) 식에서 $\phi_{ii,jj}^{n+1}$와 $\mu_{ii,jj}^{n+1}$를 $\bar{\phi}_{ii,jj}^m$과 $\bar{\mu}_{ii,jj}^m$으로 바꾸고, 그렇지 않으면 $\phi_{ii,jj}^m$과 $\mu_{ii,jj}^m$으로 바꿔 줍니다. 즉,

$$\frac{\bar{\phi}_{ij}^m}{\Delta t}+\frac{4\bar{\mu}_{ij}^m}{h^2}=\xi_{ij}^n+\frac{\mu_{i+1,j}^m+\bar{\mu}_{i-1,j}^m+\mu_{i,j+1}^m+\bar{\mu}_{i,j-1}^m}{h^2}, \qquad (5.24)$$

$$-\left(\frac{4\epsilon^2}{h^2}+3(\phi_{ij}^m)^2\right)\bar{\phi}_{ij}^m+\bar{\mu}_{ij}^m=\psi_{ij}^n-2(\phi_{ij}^m)^3 \qquad (5.25)$$
$$-\frac{\epsilon^2}{h^2}(\phi_{i+1,j}^m+\bar{\phi}_{i-1,j}^m+\phi_{i,j+1}^m+\bar{\phi}_{i,j-1}^m).$$

2 단계) 결손 계산

$$(\bar{d_{1}}_k^m,\bar{d_{2}}_k^m)=(\xi_k^n,\psi_k^n)-NSO_k(\bar{\phi}_k^m,\bar{\mu}_k^m).$$

3 단계) 결손 제한 $\{\bar{\phi}_k^m, \bar{\mu}_k^m\}$

$$(\bar{d}_{1\,k-1}^m,\bar{d}_{2\,k-1}^m)=I_k^{k-1}(\bar{d}_{1\,k}^m,\bar{d}_{2\,k}^m).$$

제한 연산자 I_k^{k-1}는 k-단계 함수를 $(k-1)$-단계 함수로 매핑합니다.

$$d_{k-1}(x_i,y_j)=I_k^{k-1}d_k(x_i,y_j)=\frac{1}{4}[d_k(x_{i-\frac{1}{2}},y_{j-\frac{1}{2}})+d_k(x_{i-\frac{1}{2}},y_{j+\frac{1}{2}})$$
$$+d_k(x_{i+\frac{1}{2}},y_{j-\frac{1}{2}})+d_k(x_{i+\frac{1}{2}},y_{j+\frac{1}{2}})].$$

제 2 절 수치 해법

4 단계) 우변 계산

$$(\xi^n_{k-1}, \psi^n_{k-1}) = (\bar{d}^m_{1\,k-1}, \bar{d}^m_{2\,k-1}) + NSO_{k-1}(\bar{\phi}^m_{k-1}, \bar{\mu}^m_{k-1}).$$

5 단계) Ω_{k-1}에서 정의된 방정식의 근사해 $\{\hat{\phi}^m_{k-1}, \hat{\mu}^m_{k-1}\}$ 계산

$$NSO_{k-1}(\phi^m_{k-1}, \mu^m_{k-1}) = (\xi^n_{k-1}, \psi^n_{k-1}). \tag{5.26}$$

$k = 1$일 때, 명시적으로 2×2 행렬을 변환하여 해를 얻습니다. $k > 1$이면 $\{\bar{\phi}^m_{k-1}, \bar{\mu}^m_{k-1}\}$를 초기 근사로 사용한 FAS k-격자 사이클을 사용하여 (5.26) 식을 풉니다.

$$\{\hat{\phi}^m_{k-1}, \hat{\mu}^m_{k-1}\} = \text{FAScycle}(k-1, \bar{\phi}^m_{k-1}, \bar{\mu}^m_{k-1}, NSO_{k-1}, \xi^n_{k-1}, \psi^n_{k-1}, \nu).$$

6 단계) 성긴 격자 수정을 계산 (CGC)

$$\hat{v}^m_{1\,k-1} = \hat{\phi}^m_{k-1} - \bar{\phi}^m_{k-1}, \quad \hat{v}^m_{2\,k-1} = \hat{\mu}^m_{k-1} - \bar{\mu}^m_{k-1}.$$

7 단계) 수정을 보간

$$\hat{v}^m_{1k} = I^k_{k-1} \hat{v}^m_{1\,k-1}, \quad \hat{v}^m_{2k} = I^k_{k-1} \hat{v}^m_{2\,k-1}.$$

여기서 근삿값은 4개의 근방 격자점으로 전송됩니다. 즉, 홀수 i와 j에 대하여

$$v_k(x_i, y_j) = I^k_{k-1} v_{k-1}(x_i, y_j) = v_{k-1}(x_{i+\frac{1}{2}}, y_{j+\frac{1}{2}}).$$

8 단계) Ω_k에서 수정된 근삿값을 계산

$$\phi^{m,\,\text{after}\,CGC}_k = \bar{\phi}^m_k + \hat{v}^m_{1k}, \quad \mu^{m,\,\text{after}\,CGC}_k = \bar{\mu}^m_k + \hat{v}^m_{2k}.$$

9 단계) 포스트-스무싱(Post-smoothing)

$$\{\phi_k^{m+1}, \mu_k^m\} = SMOOTH^\nu(\phi_k^m, \text{after } CGC, \mu_k^{m-\frac{1}{2}, \text{after } CGC}, NSO_k, \xi_k^n, \psi_k^n).$$

이로써 비선형 FAS 사이클에 대한 설명이 끝납니다. 하나의 FAS 사이클은 오차 $\|\phi^{n+1,m+1} - \phi^{n+1,m}\|_2$가 주어진 허용오차보다 작으면 멈춥니다.

2.2.1 칸-힐리아드 방정식에 대한 추가적인 방법

유동성이 상수가 아닌 칸-힐리아드 방정식 [18], 적응 격자 미세 조정 기술 [22,41], 복잡한 격자에서 노이만 경계조건 [34], 복잡한 격자에서 디리클레 경계조건 [29], 접촉각 경계(contact angle boundary) [25], 병렬 멀티그리드 방법 [35], 4차 컴팩트 방법 [24]에 대한 참고문헌을 보시기 바랍니다.

2.3 수치 시뮬레이션

1차원 무한 영역 $\Omega = (-\infty, \infty)$에서 칸-힐리아드 방정식에 대한 평형해 $\phi(x, \infty) = \tanh(x/(\sqrt{2}\epsilon))$가 있습니다. 계면 영역 전반에 걸쳐서 ϕ가 -0.9부터 0.9까지 대략 $\xi = 2\sqrt{2}\epsilon \tanh^{-1}(0.9)$에 걸쳐서 변하게 됩니다([5.3 그림] 참고). 따라서, 이 값이 대략 m개의 격자 개수가 되기 위해서는 ϵ의 값이 다음과 같아야 합니다 [7]:

$$\epsilon = \epsilon_m = \frac{mh}{2\sqrt{2}\tanh^{-1}(0.9)}. \tag{5.27}$$

다음 시뮬레이션에서는 $\epsilon = \epsilon_4$를 사용하였습니다.

[5.4(a), (b), (c) 그림]은 $t = 5\Delta t, 10\Delta t, 35\Delta t$에서 각각 상태장 ϕ의 변화를 보여줍니다. 초기조건은 $\Omega = (0,1) \times (0,1)$ 위에서 $\phi(x,y,0) = 0.01\text{rand}(x,y)$이며, $\text{rand}(x,y)$는 -1과 1 사이 균등분포를 따르는 랜덤값을 의미합니다. 경계에는 제로 노이만 경계조건이 적용됩니다. 격자 크기는 32×32, $h = 1/32$, $\Delta t = h$가 사용되었습니다.

제 2 절 수치 해법

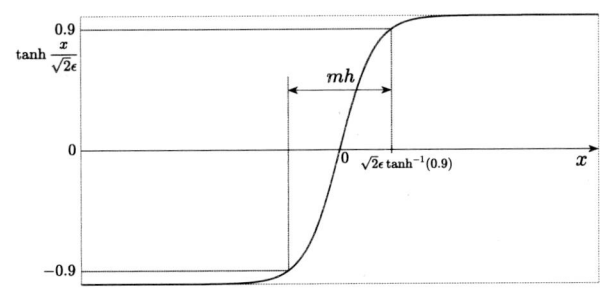

그림 5.3: $\xi = 2\sqrt{2}\epsilon \tanh^{-1}(0.9)$에 대한 상태장.

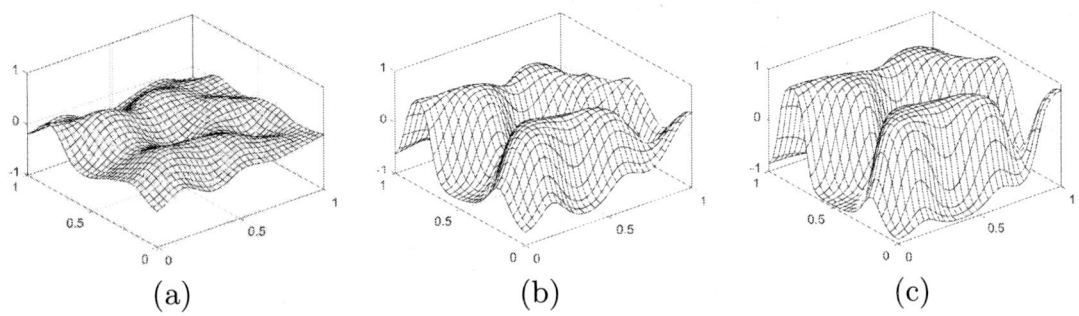

그림 5.4: 시간에 따른 칸-힐리아드 방정식의 수치해의 변화. $h = \Delta t = 1/32$ 를 사용하였으며, (a) $t = 5\Delta t$, (b) $t = 10\Delta t$, (c) $t = 35\Delta t$.

2.4 총 에너지 감소와 총 상태장 보존

[5.5 그림]에서, 초기조건 (5.28)에 대한 수치 해의 정규화된 이산 총 에너지 $\mathcal{E}^h(\phi^n)/\mathcal{E}^h(\phi^0)$(실선)의 시간에 대한 변화와 평균 상태장 $\mathcal{M}^h(\phi^n)/(h^2 N_x N_y)$(마름모 직선)이 나타나 있습니다.

$$\phi(x, y, 0) = 0.4 + 0.1 \text{rand}(x, y). \tag{5.28}$$

시뮬레이션 매개변수로 $\epsilon = 0.01$, $h = 1/64$, $\Delta t = 0.1h$, 격자 크기 64×64를 사용하였습니다. 이 수치 결과들은 총 에너지 감소 특성 (5.6)과 상태장 보존 특성 (5.7)을 잘 보여줍니다. 에너지는 감소하며 평균 상태장은 보존되었습니다. 또한, [5.5 그림] 안에 작은 그림은 화살표로 지시하는 시간 때의 상태장입니다.

칸-힐리아드 방정식에 대한 수치해의 C 코드와 후처리를 위한 MATLAB 코드는 아래에 나와 있으며, 사용된 매개변수는 ⟨5.1 표⟩에 있습니다.

표 5.1: 2차원 칸-힐리아드 방정식에 사용된 매개변수

매개변수	설명
Nx, Ny	x방향, y방향으로의 공간 노드 개수
n_level	멀티그리드 단계
c_relax	칸-힐리아드 스무싱 반복 횟수
dt	Δt 시간 격자 크기
xleft, yleft	x축, y축의 최솟값
xright, yright	x축, y축의 최댓값
ns	출력된 데이터의 개수
max_it	최대 시행 횟수
max_it_MG	멀티그리드 연산 횟수
tol_MG	멀티그리드의 오차 범위
h	공간 격자 크기
h2	h^2
gam	ϵ
Cahn	ϵ^2

제 2 절 수치 해법

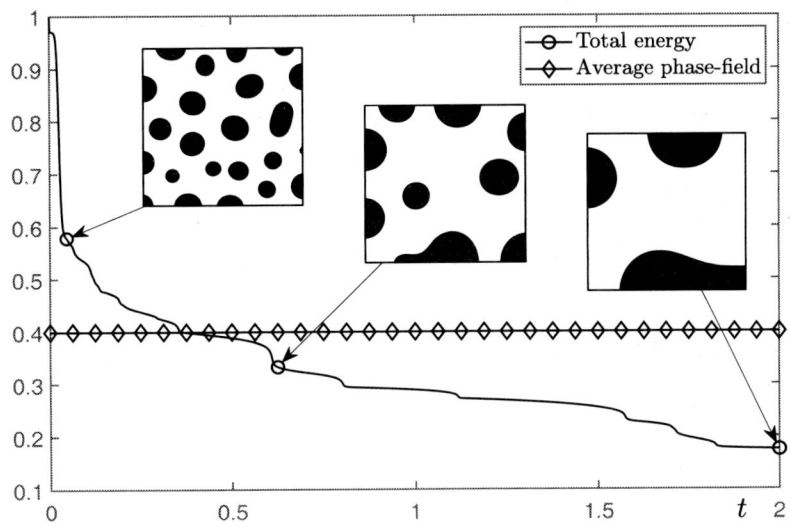

그림 5.5: 초기조건 (5.28)에 대한 수치 해의 스케일된 이산 총 에너지 $\mathcal{E}^h(\phi^n)/\mathcal{E}^h(\phi^0)$(실선)과 평균 상태장 $\mathcal{M}^h(\phi^n)/(h^2 N_x N_y)$(마름모 직선)의 시간에 따른 변화.

```
#include <stdio.h>
#include <math.h>
#include <stdlib.h>
#include <malloc.h>
#include <time.h>
#define GNx 32
#define GNy 32
#define iloop for(i=1; i<=GNx; i++)
#define jloop for(j=1; j<=GNy; j++)
#define ijloop iloop jloop
#define iloopt for(i=1; i<=Nxt; i++)
#define jloopt for(j=1; j<=Nyt; j++)
#define ijloopt iloopt jloopt
int Nx, Ny, n_level, c_relax;
double **c_tmp, **sc, **smu, h, h2, dt, xleft,
       xright, yleft, yright, Cahn, gam, **mu;
```

```
double **dmatrix(long i_start, long i_end,
                 long j_start, long j_end) {
    double **m;
    long i, nrow=i_end-i_start+2, ncol=j_end-j_start+2;

    m = (double **) malloc((nrow)*sizeof(double*));
    m += 1;
    m -= i_start;
    m[i_start] = (double *) malloc((nrow*ncol)*sizeof(double));
    m[i_start] += 1;
    m[i_start] -= j_start;
    for (i=i_start+1; i<=i_end; i++)
        m[i] = m[i-1]+ncol;
    return m;
}
void free_dmatrix(double **m, long i_start, long i_end,
                  long j_start, long j_end) {
    free(m[i_start]+j_start-1);
    free(m+i_start-1);
}
void mat_copy(double **a, double **b, int i_start, int i_end,
              int j_start, int j_end) {
    int i, j;

    for (i=i_start; i<=i_end; i++)
        for (j=j_start; j<=j_end; j++)
            a[i][j] = b[i][j];
}
void mat_copy2(double **a, double **b, double **a2, double **b2,
               int i_start, int i_end, int j_start, int j_end) {
```

제 2 절 수치 해법

```
    int i, j;

    for (i=i_start; i<=i_end; i++)
        for (j=j_start; j<=j_end; j++) {
            a[i][j] = b[i][j];
            a2[i][j] = b2[i][j];}
}
void zero_matrix(double **a, int i_start, int i_end,
                 int j_start, int j_end) {
    int i, j;

    for (i=i_start; i<=i_end; i++)
        for (j=j_start; j<=j_end; j++)
            a[i][j] = 0.0;
}
void mat_add2(double **a, double **b, double **c, double **a2,
              double **b2, double **c2, int i_start, int i_end,
              int j_start, int j_end) {
    int i, j;

    for (i=i_start; i<=i_end; i++)
        for (j=j_start; j<=j_end; j++) {
            a[i][j] = b[i][j]+c[i][j];
            a2[i][j] = b2[i][j]+c2[i][j];}
}
void mat_sub(double **a, double **b, double **c, int i_start,
             int i_end, int j_start, int j_end) {
    int i, j;

    for (i=i_start; i<=i_end; i++)
        for (j=j_start; j<=j_end; j++)
```

```c
            a[i][j] = b[i][j]-c[i][j];
}
void mat_sub2(double **a, double **b, double **c, double **a2,
              double **b2, double **c2, int i_start, int i_end,
              int j_start, int j_end) {
    int i, j;

    for (i=i_start; i<=i_end; i++)
        for (j=j_start; j<=j_end; j++) {
            a[i][j] = b[i][j]-c[i][j];
            a2[i][j] = b2[i][j]-c2[i][j];}
}
void print_mat(FILE *fptr, double **a, int i_start, int i_end,
               int j_start, int j_end) {
    int i, j;

    for (i=i_start; i<=i_end; i++) {
        for(j = j_start; j <= j_end; j++)
            fprintf(fptr," %5.3f",a[i][j]);
            fprintf(fptr,"\n");}
}
void print_data(double **c) {
    FILE *fc;

    fc = fopen("c.m", "a");
    print_mat(fc, c, 1, Nx, 1, Ny);
    fclose(fc);
}
double df(double c) {
    return pow(c,3);
}
```

제 2 절 수치 해법

```
double d2f(double c) {
    return 3.0*c*c;
}
double norm2D(double **a, int i_start, int i_end,
              int j_start, int j_end) {
    int i, j;
    double value=0.0;

    for (i=i_start; i<=i_end; i++)
        for(j=j_start; j<=j_end; j++)
            value += a[i][j]*a[i][j];
    return sqrt(value/((i_end-i_start+1.0)
                       *(j_end-j_start+1.0)));
}
double diff_norm2D(double **oc, double **nc,
                   int Nxt, int Nyt) {
    double **r, res;

    r = dmatrix(1, Nxt, 1, Nyt);
    mat_sub(r, nc, oc, 1, Nxt, 1, Nyt);
    res = norm2D(r, 1, Nxt, 1, Nyt);
    free_dmatrix(r, 1, Nxt, 1, Nyt);
    return res;
}
void initialization(double **c) {
    int i, j;

    ijloop {
        c[i][j] = 0.05*(1.0-2.0*rand()/(double)RAND_MAX);}
}
void source(double **oc, double **sc, double **smu) {
```

```
    int i, j;

    ijloop{
        sc[i][j] = oc[i][j]/dt;
        smu[i][j] = -oc[i][j];}
}
void Lap2D(double **a, double **Lap_a, int Nxt, int Nyt) {
    int i, j;
    double ht, dadx_L, dadx_R, dady_B, dady_T;

    ht = (xright-xleft)/(double) Nxt;
    ijloopt{
        if (i>1)
            dadx_L = (a[i][j]-a[i-1][j])/ht;
        else
            dadx_L = 0.0;
        if (i<Nxt)
            dadx_R = (a[i+1][j]-a[i][j])/ht;
        else
            dadx_R = 0.0;
        if (j>1)
            dady_B = (a[i][j]-a[i][j-1])/ht;
        else
            dady_B = 0.0;
        if (j<Nyt)
            dady_T = (a[i][j+1]-a[i][j])/ht;
        else
            dady_T = 0.0;
        Lap_a[i][j] = (dadx_R-dadx_L+dady_T-dady_B)/ht;}
}
void relaxGS(double **nc, double **mu, double **sc,
```

제 2 절 수치 해법

```
            double **smu, int ilevel, int Nxt, int Nyt) {
int i, j, iter;
double ht2, x_fac, y_fac, a[4], f[2], det;

ht2 = pow((xright-xleft)/(double) Nxt, 2);
for (iter=1; iter<=c_relax; iter++) {
    ijloopt {
        a[0] = 1.0/dt;
        a[1] = 0.0;
        a[2] = -d2f(nc[i][j]);
        a[3] = 1.0;
        f[0] = sc[i][j];
        f[1] = smu[i][j]+df(nc[i][j])-d2f(nc[i][j])*nc[i][j];
        if (i>1) {
            f[0] += mu[i-1][j]/ht2;
            f[1] -= Cahn*nc[i-1][j]/ht2;
            a[1] += 1.0/ht2;
            a[2] -= Cahn/ht2;}
        if (i<Nxt) {
            f[0] += mu[i+1][j]/ht2;
            f[1] -= Cahn*nc[i+1][j]/ht2;
            a[1] += 1.0/ht2;
            a[2] -= Cahn/ht2;}
        if (j>1) {
            f[0] += mu[i][j-1]/ht2;
            f[1] -= Cahn*nc[i][j-1]/ht2;
            a[1] += 1.0/ht2;
            a[2] -= Cahn/ht2;}
        if (j<Nyt) {
            f[0] += mu[i][j+1]/ht2;
            f[1] -= Cahn*nc[i][j+1]/ht2;
```

```
                    a[1] += 1.0/ht2;
                    a[2] -= Cahn/ht2;}
            det = a[0]*a[3]-a[1]*a[2];
            nc[i][j] = (a[3]*f[0]-a[1]*f[1])/det;
            mu[i][j] = (-a[2]*f[0]+a[0]*f[1])/det;}}
}
void nonL(double **NSOc, double **NSOmu,
          double **nc, double **mu, int Nxt, int Nyt) {
    int i, j;
    double **lap_mu, **lap_c;

    lap_c = dmatrix(1, Nxt, 1, Nyt);
    lap_mu = dmatrix(1, Nxt, 1, Nyt);
    Lap2D(nc, lap_c, Nxt, Nyt);
    Lap2D(mu, lap_mu, Nxt, Nyt);
    ijloopt {
        NSOc[i][j] = nc[i][j]/dt-lap_mu[i][j];
        NSOmu[i][j] = mu[i][j]-df(nc[i][j])+Cahn*lap_c[i][j];}
    free_dmatrix(lap_c, 1, Nxt, 1, Nyt);
    free_dmatrix(lap_mu, 1, Nxt, 1, Nyt);
}
void restrict2D2(double **cf, double **cc, double **muf,
                 double **muc, int Nxc, int Nyc) {
    int i, j;

    for (i=1; i<=Nxc; i++)
        for (j=1; j<=Nyc; j++) {
            cc[i][j] = 0.25*(cf[2*i][2*j]+cf[2*i-1][2*j]
                      +cf[2*i][2*j-1]+cf[2*i-1][2*j-1]);
            muc[i][j] = 0.25*(muf[2*i][2*j]+muf[2*i-1][2*j]
                       +muf[2*i][2*j-1]+muf[2*i-1][2*j-1]);}
```

제 2 절 수치 해법

```
}
void source_coarse(double **scc, double **smuc, double **nc,
     double **mu, double **scf, double **smuf, int Nxf,
     int Nyf, double **ncc, double **muc, int Nxc, int Nyc) {
    double **NSOc, **NSOmu, **NSOcc, **NSOmuc, **defc,
         **defmu, **defcc, **defmuc;

    defc = dmatrix(1, Nxf, 1, Nyf);
    defmu = dmatrix(1, Nxf, 1, Nyf);
    defcc = dmatrix(1, Nxc, 1, Nyc);
    defmuc = dmatrix(1, Nxc, 1, Nyc);
    NSOc = dmatrix(1, Nxf, 1, Nyf);
    NSOmu = dmatrix(1, Nxf, 1, Nyf);
    NSOcc = dmatrix(1, Nxc, 1, Nyc);
    NSOmuc = dmatrix(1, Nxc, 1, Nyc);
    nonL(NSOc, NSOmu, nc, mu, Nxf, Nyf);
    mat_sub2(defc, scf, NSOc, defmu, smuf,
           NSOmu, 1, Nxf, 1, Nyf);
    restrict2D2(defc, defcc, defmu, defmuc, Nxc, Nyc);
    nonL(NSOcc, NSOmuc, ncc, muc, Nxc, Nyc);
    mat_add2(scc, NSOcc, defcc, smuc, NSOmuc,
           defmuc, 1, Nxc, 1, Nyc);
    free_dmatrix(NSOcc, 1, Nxc, 1, Nyc);
    free_dmatrix(NSOmuc, 1, Nxc, 1, Nyc);
    free_dmatrix(NSOc, 1, Nxf, 1, Nyf);
    free_dmatrix(NSOmu, 1, Nxf, 1, Nyf);
    free_dmatrix(defcc, 1, Nxc, 1, Nyc);
    free_dmatrix(defmuc, 1, Nxc, 1, Nyc);
}
void prolong2DCH(double **cc, double **cf, double **muc,
         double **muf, int Nxc, int Nyc) {
```

```
    int i, j;

    for (i=1; i<=Nxc; i++)
        for (j=1; j<=Nyc; j++) {
            cf[2*i][2*j] = cc[i][j];
            cf[2*i-1][2*j] = cc[i][j];
            cf[2*i][2*j-1] = cc[i][j];
            cf[2*i-1][2*j-1] = cc[i][j];
            muf[2*i][2*j] = muc[i][j];
            muf[2*i-1][2*j] = muc[i][j];
            muf[2*i][2*j-1] = muc[i][j];
            muf[2*i-1][2*j-1] = muc[i][j];}
}
void vcycle(double **nc, double **mu, double **sc,
            double **smu, int Nxf, int Nyf, int ilevel) {

    relaxGS(nc, mu, sc, smu, ilevel, Nxf, Nyf);
    if (ilevel < n_level) {
        int Nxc, Nyc;
        double **scc, **smuc, **ncc, **muc, **cc_new,
               **muc_new, **correct_c, **correct_mu;

        Nxc = Nxf/2;
        Nyc = Nyf/2;
        scc = dmatrix(1, Nxc, 1, Nyc);
        smuc = dmatrix(1, Nxc, 1, Nyc);
        ncc = dmatrix(1, Nxc, 1, Nyc);
        muc = dmatrix(1, Nxc, 1, Nyc);
        correct_c = dmatrix(1, Nxf, 1, Nyf);
        correct_mu = dmatrix(1, Nxf, 1, Nyf);
        cc_new = dmatrix(1, Nxc, 1, Nyc);
```

제 2 절 수치 해법

```
            muc_new = dmatrix(1, Nxc, 1, Nyc);
            restrict2D2(nc, ncc, mu, muc, Nxc, Nyc);
            source_coarse(scc, smuc, nc, mu, sc, smu, Nxf, Nyf,
                         ncc, muc, Nxc, Nyc);
            mat_copy2(cc_new, ncc, muc_new, muc, 1, Nxc, 1, Nyc);
            vcycle(cc_new, muc_new, scc, smuc, Nxc, Nyc, ilevel+1);
            mat_sub2(cc_new, cc_new, ncc,
                    muc_new, muc_new, muc, 1, Nxc, 1, Nyc);
            prolong2DCH(cc_new, correct_c,
                       muc_new, correct_mu, Nxc, Nyc);
            mat_add2(nc, nc, correct_c,
                    mu, mu, correct_mu, 1, Nxf, 1, Nyf);
            relaxGS(nc, mu, sc, smu, ilevel, Nxf, Nyf);
            free_dmatrix(scc, 1, Nxc, 1, Nyc);
            free_dmatrix(smuc, 1, Nxc, 1, Nyc);
            free_dmatrix(ncc, 1, Nxc, 1, Nyc);
            free_dmatrix(muc, 1, Nxc, 1, Nyc);
            free_dmatrix(correct_c, 1, Nxf, 1, Nyf);
            free_dmatrix(correct_mu, 1, Nxf, 1, Nyf);
            free_dmatrix(cc_new, 1, Nxc, 1, Nyc);
            free_dmatrix(muc_new, 1, Nxc, 1, Nyc);}
}
void CHeq(double **oc, double **nc) {
    int max_it_MG=300, it_MG=1;
    double tol_MG=1.0e-5, resid=1.0;

    source(oc, sc, smu);
    mat_copy(c_tmp, oc, 1, Nx, 1, Ny);
    while (it_MG<=max_it_MG && resid>tol_MG) {
        vcycle(nc, mu, sc, smu, Nx, Ny, 1);
        resid = diff_norm2D(c_tmp, nc, Nx, Ny);
```

```
            mat_copy(c_tmp, nc, 1, Nx, 1, Ny); it_MG++;}
        printf("diff_norm2D %12.10f   %d  \n",resid,it_MG-1);
}
int main() {
    int it, max_it, ns, count = 1;
    double **oc, **nc;

    Nx = GNx;
    Ny = GNy;
    xleft = 0.0, xright = 1.0;
    yleft = 0.0, yright = 1.0;
    h = (xright-xleft)/(double)Nx; h2 = pow(h,2);
    n_level = (int)(log(Nx)/log(2.0)+0.1)-1;
    c_relax = 2;
    dt = h;
    max_it = 8;
    ns = 1;
    gam = 4.0*h/(2*sqrt(2.0)*(atanh(0.9)));
    Cahn = pow(gam,2);
    oc = dmatrix(0, Nx+1, 0, Ny+1);
    nc = dmatrix(0, Nx+1, 0, Ny+1);
    mu = dmatrix(1, Nx, 1, Ny);
    c_tmp = dmatrix(1, Nx, 1, Ny);
    sc = dmatrix(1, Nx, 1, Ny);
    smu = dmatrix(1, Nx, 1, Ny);
    zero_matrix(mu, 1,  Nx, 1, Ny);
    initialization(oc);
    mat_copy(nc, oc, 1, Nx, 1, Ny);
    print_data(oc);
    for (it=1; it<=max_it; it++) {
        CHeq(oc, nc);
```

제 2 절 수치 해법

```
        mat_copy(oc, nc, 1, Nx, 1, Ny);
        if (it % ns==0) {
            print_data(oc); count++;
            printf("print out counts %d \n",count);}
        printf(" %d \n",it);}
    printf("Nx = %d ,Ny = %d\n",Nx,Ny);
    printf("dt        = %f\n",dt);
    printf("max_it    = %d\n",max_it);
    printf("ns        = %d\n",ns);
    printf("n_level            = %d\n\n",n_level);
    return 0;
}
```

다음 MATLAB 코드를 통해 [5.4 그림]을 얻을 수 있습니다.

```
clear;
ss=sprintf('./c.m');
phi=load(ss);
nx=32; ny=32;
x=linspace(0,1,nx); y=linspace(0,1,ny);
[xx,yy]=meshgrid(x,y);
n=size(phi,1)/nx;
for i=[4 6 8]
    figure(i); hold on; box on; grid on;
    pp=phi((i-1)*nx+1:i*nx,:);
    mesh(xx,yy,pp')
    colormap([0 0 0])
    axis([0 1 0 1 -1 1]); view(-30,35)
    set(gca,'fontsize',14)
    tex = sprintf('CH2DNeumann_%d.eps',i);
    print(tex,'-depsc')
```

```
end
```

6장

3차원 칸-힐리아드 방정식(Cahn-Hilliard equation)

3차원에서 상분리 현상을 나타내는 칸-힐리아드 방정식에 대한 수치적 방법을 다루어봅시다. 칸-힐리아드 방정식에 대해 Eyre의 무조건 안정성 방법을 이용하여 방정식을 이산화시키고, 비선형 멀티 그리드 방법을 이용하여 이산화된 방정식을 해결하려고 합니다.

제 1 절 3차원 칸-힐리아드 방정식

3차원 칸-힐리아드 방정식은 아래와 같이 표현됩니다.

$$\frac{\partial \phi(x,y,z,t)}{\partial t} = \Delta \mu(x,y,z,t), \quad (x,y,z) \in \Omega, \quad t > 0, \tag{6.1}$$

$$\mu(x,y,z,t) = F'(\phi(x,y,z,t)) - \epsilon^2 \Delta \phi(x,y,z,t), \tag{6.2}$$

여기서 $\Omega \subset \mathbb{R}^3$는 경계가 있는 영역입니다. 경계조건은 제로 노이만 경계조건입니다.

$$\mathbf{n} \cdot \nabla \phi = 0, \quad \mathbf{n} \cdot \nabla \mu = 0 \text{ on } \partial \Omega. \tag{6.3}$$

1.1 이산화

칸-힐리아드 방정식을 $\Omega = (a,b) \times (c,d) \times (e,f)$에서 이산화해봅시다. 양의 정수인 l, m, n에 대해 $N_x = 2^l$, $N_y = 2^m$, $N_z = 2^n$는 격자의 개수라고 가정합시다. 이때, 격자 사이즈는 $\Delta x = (b-a)/N_x$, $\Delta y = (d-c)/N_y$, $\Delta z = (f-e)/N_z$입니다. 이산화된 정의역에 대해 $\Omega_{l,m,n} = \{(x_i, y_j, z_k) \times_i = a + (i-0.5)\Delta x, y_j = c + (j-0.5)\Delta y, z_k = e + (k-0.5)\Delta z, 1 \leq i \leq N_x, 1 \leq j \leq N_y, 1 \leq k \leq N_z\}$라고 정의하고, 이것은 격자의 중앙에 있는 점들의 집합입니다. ϕ_{ijk}^n와 μ_{ijk}^n는 각각 $\phi(x_i, y_j, z_k, t_n)$와 $\mu(x_i, y_j, z_k, t_n)$의 간단한 표현입니다. 여기서 $t_n = n\Delta t$는 이산 시간이고 Δt는 시간 간격 크기입니다. 계산을 간단히 하기 위해서 크기가 1인 정의역 $\Omega = (0,1) \times (0,1) \times (0,1)$을 가정하고, $N_x = N_y = N_z = 2^m$을 사용할 것입니다, 즉, 공간에 대한 간격은 $h = \Delta x = \Delta y = \Delta z$으로 모든 방향에서 동일합니다. 따라서 $l = m = n$이 되며, 정의역을 $\Omega_m = \Omega_{l,m,n}$으로 표시할 것입니다. 비선형 안정화 분리법을 사용하여, 칸-힐리아드 방정식은 다음과 같이 이산화될 수 있습니다:

$$\frac{\phi_{ijk}^{n+1} - \phi_{ijk}^n}{\Delta t} = \Delta_d \mu_{ijk}^{n+1}, \tag{6.4}$$

$$\mu_{ijk}^{n+1} = (\phi_{ijk}^{n+1})^3 - \phi_{ijk}^n - \epsilon^2 \Delta_d \phi_{ijk}^{n+1}, \tag{6.5}$$

여기서, 이산화된 라플라스 연산자는 다음과 같이 정의되었습니다.

$$\Delta_d \phi_{ijk}^{n+1} = \frac{\phi_{i+1,jk}^{n+1} + \phi_{i-1,jk}^{n+1} + \phi_{i,j+1,k}^{n+1} + \phi_{i,j-1,k}^{n+1} + \phi_{ij,k+1}^{n+1} + \phi_{ij,k-1}^{n+1} - 6\phi_{ijk}^{n+1}}{h^2}. \tag{6.6}$$

비선형 멀티그리드 방법과 비선형 전 근사 저장(FAS)을 이산화된 시스템 (6.4)식과 (6.5) 식에 적용하였습니다.

1.2 멀티그리드 V-사이클 알고리즘

이산화된 칸-힐리아드 방정식을 풀기 위한 비선형 멀티그리드 방법의 알고리즘은 다음과 같습니다: 먼저, (6.4) 식과 (6.5) 식을 다음과 같이 다시 쓸 것입니다.

$$NSO(\phi^{n+1}, \mu^{n+1}) = (\xi^n, \psi^n), \tag{6.7}$$

제 1 절 3차원 칸-힐리아드 방정식

여기서, 비선형 연산자 NSO는

$$NSO(\phi^{n+1}, \mu^{n+1}) = \left(\frac{\phi^{n+1}}{\Delta t} - \Delta_d \mu^{n+1}, \ \mu^{n+1} - (\phi^{n+1})^3 + \epsilon^2 \Delta_d \phi^{n+1}\right)$$

으로 정의되고, 소스항은 다음과 같이 정의됩니다.

$$(\xi^n, \psi^n) = \left(\frac{\phi^n}{\Delta t}, \ -\phi^n\right).$$

다음으로, 프리-스무딩, 성긴 격자 보정 계산, 그리고 포스트-스무딩을 포함하는 다중 격자 방법을 설명합니다. 다음에 기술될 한 번의 FAS 사이클에서, 일련의 그리드 $\Omega_l, \ldots$ 를 생각합니다. Ω_{l-1}는 Ω_l 보다 2배 더 넓은 간격을 가집니다. ν는 전-후 스무딩 과정의 반복 횟수입니다.

FAS 멀티그리드 사이클

$$\{\phi_k^{m+1}, \mu_k^{m+1}\} = FAScycle(k, \phi_k^m, \mu_k^m, NSO_k, \xi_k^n, \psi_k^n, \nu).$$

즉, $\{\phi_k^m, \mu_k^m\}$ 그리고 $\{\phi_k^{m+1}, \mu_k^{m+1}\}$는 $\phi^{n+1}(x_i, y_j, z_k)$과 $\mu^{n+1}(x_i, y_j, z_k)$의 FAS 사이클의 전후 값으로 정의됩니다. 이제, FAS 사이클에 대해 정의합니다.

1 단계) 프리-스무싱(Pre-smoothing)

$$\{\bar{\phi}_k^m, \bar{\mu}_k^m\} = SMOOTH^\nu(\phi_k^m, \mu_k^m, NSO_k, \xi_k^n, \psi_k^n),$$

여기서 ν는 초기 근사 ϕ_k^m, μ_k^m, 소스항 ξ_k^n, ψ_k^n을 사용하여 $SMOOTH$을 적용하는 반복 횟수이고 $SMOOTH$ 과정을 통해 근사해 $\bar{\phi}_k^m, \bar{\mu}_k^m$를 얻게 됩니다. 연산자 $SMOOTH$의 각 단계는 i, j, k에 대해, (6.10)과 (6.11) 시스템을 아래에 주어진 2×2 행렬의 역행렬을 구하는 것입니다. (6.7) 식을 정리하면, 다음을 얻을 수 있습니다:

$$\frac{\phi_{ijk}^{n+1}}{\Delta t} + \frac{6\mu_{ijk}^{n+1}}{h^2} = \xi_{ijk}^n + \frac{\mu_{i+1,jk}^{n+1} + \mu_{i-1,jk}^{n+1} + \mu_{i,j+1,k}^{n+1} + \mu_{i,j-1,k}^{n+1} + \mu_{ij,k+1}^{n+1} + \mu_{ij,k-1}^{n+1}}{h^2}. \quad (6.8)$$

$(\phi_{ijk}^{n+1})^3$는 ϕ_{ijk}^{n+1}에 대해 비선형이기 때문에, $(\phi_{ijk}^{n+1})^3$를 ϕ_{ijk}^m에서 선형근사를 취

합니다. 즉,

$$(\phi_{ijk}^{n+1})^3 \approx (\phi_{ijk}^m)^3 + 3(\phi_{ijk}^m)^2(\phi_{ijk}^{n+1} - \phi_{ijk}^m).$$

(6.7) 식에 이를 넣어 정리하고 나면, 다음을 얻을 수 있습니다.

$$-\left(\frac{6\epsilon^2}{h^2} + 3(\phi_{ijk}^m)^2\right)\phi_{ijk}^{n+1} + \mu_{ijk}^{n+1} = \psi_{ijk}^n - (\phi_{ijk}^m)^3 - 3(\phi_{ijk}^m)^2 \quad (6.9)$$
$$-\frac{\epsilon^2}{h^2}(\phi_{i+1,jk}^{n+1} + \phi_{i-1,jk}^{n+1} + \phi_{i,j+1,k}^{n+1} + \phi_{i,j-1,k}^{n+1} + \phi_{ij,k+1}^{n+1} + \phi_{ij,k-1}^{n+1}).$$

다음으로, 만약 $ii \leq i, jj \leq j$, 그리고 $kk \leq k$이면, $\phi_{ii,jj,kk}^{n+1}$과 $\mu_{ii,jj,kk}^{n+1}$을 (6.8) 식과 (6.9) 식에서 $\bar{\phi}_{ii,jj,kk}^m$과 $\bar{\mu}_{ii,jj,kk}^m$으로 바꾸고, 그렇지 않으면, $\phi_{ii,jj,kk}^m$과 $\mu_{ii,jj,kk}^m$으로 바꿉니다. 즉,

$$\frac{\bar{\phi}_{ijk}^m}{\Delta t} + \frac{6\bar{\mu}_{ijk}^m}{h^2} = \xi_{ijk}^n \quad (6.10)$$
$$+\frac{\mu_{i+1,jk}^m + \bar{\mu}_{i-1,jk}^m + \mu_{i,j+1,k}^m + \bar{\mu}_{i,j-1,k}^m + \mu_{ij,k+1}^m + \bar{\mu}_{ij,k-1}^m}{h^2},$$
$$-\left(\frac{6\epsilon^2}{h^2} + 3(\phi_{ijk}^m)^2\right)\bar{\phi}_{ijk}^m + \bar{\mu}_{ijk}^m = \psi_{ijk}^n - 3(\phi_{ijk}^m)^2\phi_{ijk}^m \quad (6.11)$$
$$-\frac{\epsilon^2}{h^2}(\phi_{i+1,jk}^m + \bar{\phi}_{i-1,jk}^m + \phi_{i,j+1,k}^m + \bar{\phi}_{i,j-1,k}^m + \phi_{ij,k+1}^m + \bar{\phi}_{ij,k-1}^m).$$

2 단계) 결손 계산

$$(\bar{d}_{1\,k}^m, \bar{d}_{2\,k}^m) = (\xi_k^n, \psi_k^n) - NSO_k(\bar{\phi}_k^m, \bar{\mu}_k^m).$$

3 단계) 결손과 $\{\bar{\phi}_k^m, \bar{\mu}_k^m\}$ 제한

$$(\bar{d}_{1\,k-1}^m, \bar{d}_{2\,k-1}^m) = I_k^{k-1}(\bar{d}_{1\,k}^m, \bar{d}_{2\,k}^m),$$
$$(\bar{\phi}_{k-1}^m, \bar{\mu}_{k-1}^m) = I_k^{k-1}(\bar{\phi}_k^m, \bar{\mu}_k^m).$$

제 1 절 3차원 칸-힐리아드 방정식

I_k^{k-1}은 k단계 함수에서 $(k-1)$단계 함수로의 제한 연산자입니다.

$$\begin{aligned}d_{k-1}(x_i,y_j,z_k) &= I_k^{k-1} d_k(x_i,y_j,z_k)\\ &= \frac{1}{8}[d_k(x_{i-\frac{1}{2}},y_{j-\frac{1}{2}},z_{k-\frac{1}{2}}) + d_k(x_{i-\frac{1}{2}},y_{j-\frac{1}{2}},z_{k+\frac{1}{2}})\\ &\quad + d_k(x_{i-\frac{1}{2}},y_{j+\frac{1}{2}},z_{k-\frac{1}{2}}) + d_k(x_{i-\frac{1}{2}},y_{j+\frac{1}{2}},z_{k+\frac{1}{2}})\\ &\quad + d_k(x_{i+\frac{1}{2}},y_{j-\frac{1}{2}},z_{k-\frac{1}{2}}) + d_k(x_{i+\frac{1}{2}},y_{j-\frac{1}{2}},z_{k+\frac{1}{2}})\\ &\quad + d_k(x_{i+\frac{1}{2}},y_{j+\frac{1}{2}},z_{k-\frac{1}{2}}) + d_k(x_{i+\frac{1}{2}},y_{j+\frac{1}{2}},z_{k+\frac{1}{2}})].\end{aligned}$$

4 단계) 우항 계산

$$(\xi_{k-1}^n, \psi_{k-1}^n) = (\bar{d}_{1\,k-1}^m, \bar{d}_{2\,k-1}^m) + NSO_{k-1}(\bar{\phi}_{k-1}^m, \bar{\mu}_{k-1}^m).$$

5 단계) 근사 해 계산 $\{\hat{\phi}_{k-1}^m, \hat{\mu}_{k-1}^m\}$의 Ω_{k-1}에서의 성간 격자 방정식은 다음과 같이 주어집니다.

$$NSO_{k-1}(\phi_{k-1}^m, \mu_{k-1}^m) = (\xi_{k-1}^n, \psi_{k-1}^n). \tag{6.12}$$

$k=1$일 때, 부드럽게 하는 절차 1)을 근사된 해를 사용함으로써 적용합니다. $k>1$일 때, (6.12) 식을 FAS을 사용한 결과를 이용하여, 초기 근사로써 $\{\bar{\phi}_{k-1}^m, \bar{\mu}_{k-1}^m\}$을 사용하여 k-그리드 FAS 사이클을 합니다:

$$\{\hat{\phi}_{k-1}^m, \hat{\mu}_{k-1}^m\} = \text{FAScycle}(k-1, \bar{\phi}_{k-1}^m, \bar{\mu}_{k-1}^m, NSO_{k-1}, \xi_{k-1}^n, \psi_{k-1}^n, \nu).$$

6 단계) 성긴 격자 보정 계산 (CGC)

$$\hat{v}_{1k-1}^m = \hat{\phi}_{k-1}^m - \bar{\phi}_{k-1}^m, \quad \hat{v}_{2k-1}^m = \hat{\mu}_{k-1}^m - \bar{\mu}_{k-1}^m.$$

7 단계) 수정에 대한 근사 $\hat{v}_{1k}^m = I_{k-1}^k \hat{v}_{1k-1}^m, \quad \hat{v}_{2k}^m = I_{k-1}^k \hat{v}_{2k-1}^m.$ 여기서, 더 넓은 간격의 여덟 개의 값은 더 좁은 그리드의 점으로 근사됩니다. 즉, 홀수인 i, j,

k 에 대해, $v_k(x_i, y_j, z_k) = I_{k-1}^k v_{k-1}(x_i, y_j, z_k) = v_{k-1}(x_{i+\frac{1}{2}}, y_{j+\frac{1}{2}}, z_{k+\frac{1}{2}})$

8 단계) 수정근사를 Ω_k에서 계산

$$\phi_k^{m,\ \text{after}\ CGC} = \bar{\phi}_k^m + \hat{v}_{1k}^m, \quad \mu_k^{m,\ \text{after}\ CGC} = \bar{\mu}_k^m + \hat{v}_{2k}^m.$$

9 단계) 포스트-스무싱(Post-smoothing)

$$\{\phi_k^{m+1}, \mu_k^{m+1}\} = SMOOTH^\nu(\phi_k^{m,\ \text{after}\ CGC}, \mu_k^{m,\ \text{after}\ CGC}, NSO_k, \xi_k^n, \psi_k^n).$$

이것이 비선형 FAS 사이클(FAS cycle)입니다. 만약 결과로 나온 오차 $\|\phi^{n+1,m+1} - \phi^{n+1,m}\|_2$가 주어진 허용오차(tolerance)의 범위보다 작을 때 FAS 사이클의 한 단계를 마칩니다.

1.3 수치 시뮬레이션

3차원 상분리에 대해 생각해봅시다. $\Omega = (0,1) \times (0,1) \times (0,1)$일 때, 초기조건은 $\phi(x,y,z,0) = \phi_{ave} + 0.3\text{rand}(x,y,z)$으로 사용했습니다. 여기서, ϕ_{ave}는 평균 상태장입니다. $\text{rand}(x,y,z)$는 -1과 1 사이 균등분포를 따르는 랜덤값을 의미합니다 경계에 대한 조건으로는 제로 노이만 조건이 사용되었습니다. 공간에 대한 간격의 크기는 $32 \times 32 \times 32$, $h = 1/32$, $\Delta t = h$와 $\epsilon = \epsilon_4$가 사용되었습니다. [6.1 그림]의 위와 아래 행의 그림은 각각의 시간에서 ϕ가 $\phi_{ave} = -0.4$와 $\phi_{ave} = 0$일 때를 보여줍니다. 각각의 시간은 그림 아래에 표시되어있습니다. 수치 계산에 사용된 C 코드와 후처리과정을 위한 MATLAB 코드는 아래에 적혀있습니다.

1.4 총 에너지 감소와 총 상태장 보존

이산화된 에너지 범함수(discrete energy functional)를 다음과 같이 정의됩니다:

$$\mathcal{E}^h(\phi^n) = h^3 \sum_{i=1}^{N_x} \sum_{j=1}^{N_y} \sum_{k=1}^{N_z} F(\phi_{ijk}^n) \tag{6.13}$$

제 1 절 3차원 칸-힐리아드 방정식

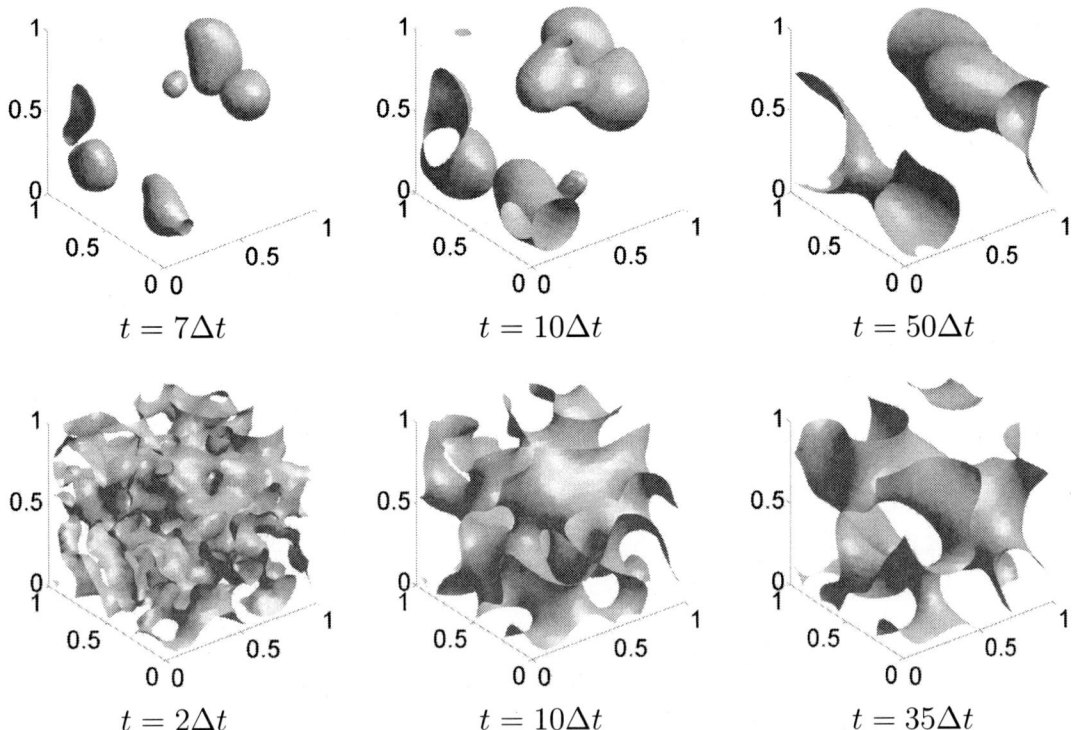

그림 6.1: $\phi_{ave} = -0.4$ (첫 번째 행)과 $\phi_{ave} = 0$ (두 번째 행)인 경우, 각 시간 $t = 2\Delta t, 10\Delta t, 35\Delta t$에 따른 변화.

$$+ \frac{\epsilon^2 h}{2} \sum_{j=1}^{N_y} \sum_{k=1}^{N_z} \left(\frac{(\phi_{1jk}^n - \phi_{0jk}^n)^2}{2} + \sum_{i=1}^{N_x-1} (\phi_{i+1,jk}^n - \phi_{ijk}^n)^2 + \frac{(\phi_{N_x+1,jk}^n - \phi_{N_xjk}^n)^2}{2} \right)$$

$$+ \frac{\epsilon^2 h}{2} \sum_{i=1}^{N_x} \sum_{k=1}^{N_z} \left(\frac{(\phi_{i1k}^n - \phi_{i0k}^n)^2}{2} + \sum_{j=1}^{N_y-1} (\phi_{i,j+1,k}^n - \phi_{ijk}^n)^2 + \frac{(\phi_{i,N_y+1,k}^n - \phi_{iN_yk}^n)^2}{2} \right)$$

$$+ \frac{\epsilon^2 h}{2} \sum_{i=1}^{N_x} \sum_{j=1}^{N_y} \left(\frac{(\phi_{ij1}^n - \phi_{ij0}^n)^2}{2} + \sum_{k=1}^{N_z-1} (\phi_{ij,k+1}^n - \phi_{ijk}^n)^2 + \frac{(\phi_{ij,N_z+1}^n - \phi_{ijN_z}^n)^2}{2} \right).$$

또한 이산화된 총 상태장은 다음과 같이 정의됩니다:

$$\mathcal{M}^h(\phi^n) = h^3 \sum_{i=1}^{N_x} \sum_{j=1}^{N_y} \sum_{k=1}^{N_z} \phi_{ijk}^n. \tag{6.14}$$

[6.2 그림]에서 초기조건이 (6.15) 식으로 주어졌을 때 수치해의 시간에 따른 초기 총 에너지로 스케일된 총 에너지 $\mathcal{E}^h(\phi^n)/\mathcal{E}^h(\phi^0)$ (굵은선)의 변화와 평균 상태장 $\mathcal{M}^h(\phi^n)/(h^3 N_x N_y N_z)$ (다이아몬드 선)을 확인할 수 있습니다. 시뮬레이션을 위해 초기 조건

$$\phi(x,y,z,0) = 0.4 + 0.1\text{rand}(x,y,z). \tag{6.15}$$

과 $\epsilon = 0.01$, $h = 1/64$, $\Delta t = 0.1h$, 그리고 그리드의 개수를 $32 \times 32 \times 32$를 사용하였습니다. 시뮬레이션을 통해 에너지는 증가하지 않고, 평균 상태장은 보존되는 것을 보였습니다. 그러한 수치적 결과들은 총 에너지 소실법칙 (5.6)과 상태장 보존 법칙 (5.7)을 잘 볼 수 있습니다. 또한, 표현된 작은 그림들은 각 시간에 따른 상태장을 나타냅니다.

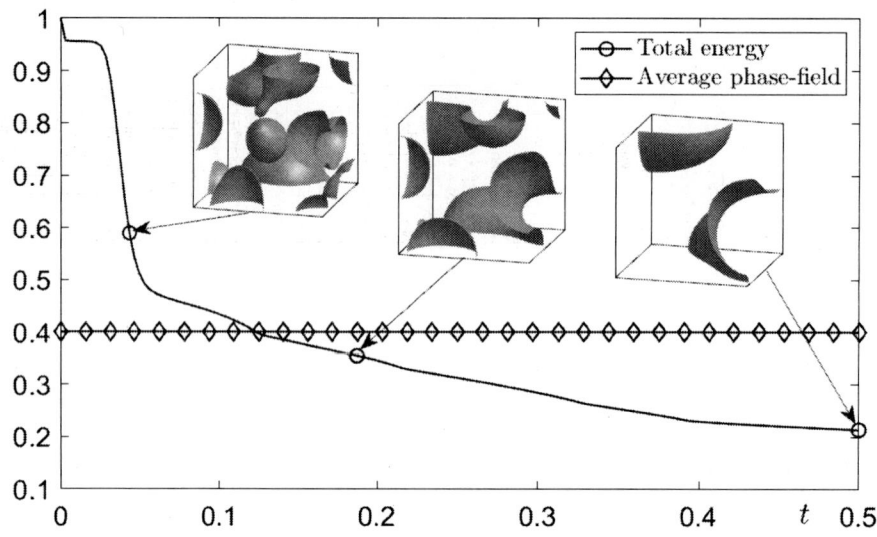

그림 6.2: 초기조건이 (5.28) 식으로 주어진 수치해에 대한 이산화된 무차원 총 에너지 $\mathcal{E}^h(\phi^n)/\mathcal{E}^h(\phi^0)$ (줄선)과 평균 상태장 $\mathcal{M}^h(\phi^n)/(h^3 N_x N_y N_z)$ (다이아몬드 선)

C 코드와 MATLAB 후처리 코드는 아래와 같고, 사용된 변수는 ⟨6.1 표⟩ 에 적혀있습니다.

```
#include <stdio.h>
```

제 1 절 3차원 칸-힐리아드 방정식

표 6.1: 3차원 칸-힐리아드 방정식에 사용된 변수들입니다.

매개변수	설명
Nx, Ny, Nz	x, y, z 방향으로의 공간 노드 개수
n_level	멀티그리드 단계
c_relax	스무싱 반복 횟수
dt	Δt 시간 격자 크기
xleft, yleft, zleft	x, y, z 축의 최솟값
xright, yright, zright	x, y, z 축의 최댓값
ns	출력된 데이터의 개수
max_it	최대 시행 횟수
max_it_MG	멀티그리드 연산 횟수
tol_MG	멀티그리드 오차 범위
h	공간 격자 크기
h2	h^2
gam	ϵ
Cahn	ϵ^2

```c
#include <math.h>
#include <stdlib.h>
#include <time.h>
#include <malloc.h>
#define GNx 32
#define GNy 32
#define GNz 32
#define iloop for (i=1; i<=GNx;i++)
#define jloop for (j=1; j<=GNy;j++)
#define kloop for (k=1; k<=GNz;k++)
#define ijkloop iloop jloop kloop
#define iloopt for (i=1; i<=Nxt;i++)
#define jloopt for (j=1; j<=Nyt;j++)
#define kloopt for (k=1; k<=Nzt;k++)
#define ijkloopt iloopt jloopt kloopt
int Nx, Ny, Nz, n_level, c_relax;
float ***c_tmp, ***sc, ***smu, h, ***mu, dt, xleft,
      xright, yleft, yright, zleft, zright, Cahn, gam;

float ***cube(int i_start, int i_end, int j_start, int j_end,
              int k_start, int k_end) {
    int i, j, nrow=i_end-i_start+2, ncol=j_end-j_start+2,
        ndep=k_end-k_start+2;
    float ***t;

    t = (float ***) malloc(((nrow+1)*sizeof(float**)));
    t += 1;
    t -= i_start;
    t[i_start] = (float **) malloc(((nrow*ncol+1)
                                    *sizeof(float *)));
    t[i_start] += 1;
```

제 1 절 3차원 칸-힐리아드 방정식

```
        t[i_start] -= j_start;
        t[i_start][j_start] = (float *) malloc(((nrow*ncol*ndep+1)
                                                *sizeof(float)));
        t[i_start][j_start] += 1;
        t[i_start][j_start] -= k_start;
        for (j=j_start+1; j<=j_end; j++)
            t[i_start][j] = t[i_start][j-1]+ndep;
        for (i=i_start+1; i<=i_end; i++) {
            t[i] = t[i-1]+ncol;
            t[i][j_start] = t[i-1][j_start]+ncol*ndep;
            for (j=j_start+1; j<=j_end; j++)
                t[i][j] = t[i][j-1]+ndep;}
        return t;
}
void free_cube(float ***t, int i_start, int i_end,
               int j_start, int j_end,
               int k_start, int k_end) {
    free((char *) (t[i_start][j_start]+k_start-1));
    free((char *) (t[i_start]+j_start-1));
    free((char *) (t+i_start-1));
}
void cube_copy(float ***a, float ***b, int i_start,
               int i_end, int j_start,
               int j_end, int k_start, int k_end) {
    int i, j, k;

    for (i=i_start; i<=i_end; i++)
        for (j=j_start; j<=j_end; j++)
            for (k=k_start; k<=k_end; k++)
                a[i][j][k] = b[i][j][k];
}
```

제 6 장 3차원 칸-힐리아드 방정식(CAHN-HILLIARD EQUATION)

```c
void zero_cube(float ***a, int i_start, int i_end,
               int j_start, int j_end,
               int k_start, int k_end) {
    int i, j, k;

    for (i=i_start; i<=i_end; i++)
        for (j=j_start; j<=j_end; j++)
            for (k=k_start; k<=k_end; k++)
                a[i][j][k] = 0.0;
}
void cube_add2(float ***a, float ***b, float ***c, float ***a2,
               float ***b2, float ***c2, int i_start, int i_end,
               int j_start, int j_end, int k_start, int k_end) {
    int i, j, k;

    for (i=i_start; i<=i_end; i++)
        for (j=j_start; j<=j_end; j++)
            for (k=k_start; k<=k_end; k++) {
                a[i][j][k] = b[i][j][k]+c[i][j][k];
                a2[i][j][k] = b2[i][j][k]+c2[i][j][k];}
}
void cube_sub(float ***a, float ***b, float ***c, int i_start,
              int i_end,int j_start, int j_end,
              int k_start, int k_end) {
    int i, j, k;

    for (i=i_start; i<=i_end; i++)
        for (j=j_start; j<=j_end; j++)
            for (k=k_start; k<=k_end; k++)
                a[i][j][k] = b[i][j][k]-c[i][j][k];
}
```

제 1 절 3차원 칸-힐리아드 방정식 153

```
void cube_sub2(float ***a, float ***b, float ***c, float ***a2,
               float ***b2, float ***c2, int i_start, int i_end,
               int j_start, int j_end, int k_start, int k_end) {
    int i, j, k;

    for (i=i_start; i<=i_end; i++)
        for (j=j_start; j<=j_end; j++)
            for (k=k_start; k<=k_end; k++) {
                a[i][j][k] = b[i][j][k]-c[i][j][k];
                a2[i][j][k] = b2[i][j][k]-c2[i][j][k];}
}
void print_cube(FILE *fptr, float ***a, int i_start,
                int i_end, int j_start, int j_end,
                int k_start, int k_end) {
    int i, j, k;

    for(i = i_start; i <= i_end; i++)
        for(j = j_start; j <= j_end; j++)
            for(k = k_start; k <= k_end; k++)
                fprintf(fptr," %f \n", a[i][j][k]);
}
void print_data(float ***c, int kk) {
    char buf[200];
    FILE *fc;

    sprintf(buf,"c%d.m", kk);
    fc = fopen(buf, "w");
    print_cube(fc, c, 1, Nx, 1, Ny, 1, Nz);
    fclose(fc);
}
float df(float c) {
```

```
        return pow(c,3);
}
float d2f(float c) {
    return 3.0*c*c;
}
float norm3D(float ***a, int i_start, int i_end,
             int j_start, int j_end,
             int k_start, int k_end) {
    int i, j, k;
    float value = 0.0;

    for (i=i_start; i<=i_end; i++)
        for (j=j_start; j<=j_end; j++)
            for (k=k_start; k<=k_end; k++)
                value += a[i][j][k]*a[i][j][k];
    return sqrt(value/((i_end-i_start+1.0)*(j_end-j_start+1.0)
                    *(k_end-k_start+1.0)));
}
float diff_norm3D(float ***oc, float ***nc, int Nxt, int Nyt,
            int Nzt) {
    float ***r, res;

    r = cube(1, Nxt, 1, Nyt, 1, Nzt);
    cube_sub(r, nc, oc, 1, Nxt, 1, Nyt, 1, Nzt);
    res = norm3D(r, 1, Nxt, 1, Nyt, 1, Nzt);
    free_cube(r, 1, Nxt, 1, Nyt, 1, Nzt);
    return res;
}
void initialization(float ***c) {
    int i, j, k;
```

제 1 절 3차원 칸-힐리아드 방정식

```
    ijkloop {
        c[i][j][k] = 0.3*(1.0-2.0*rand()/(float)RAND_MAX);}
}
void source(float ***oc, float ***sc, float ***smu) {
    int i, j, k;

    ijkloop {
        sc[i][j][k] = oc[i][j][k]/dt;
        smu[i][j][k] = -oc[i][j][k];}
}
void Lap3D(float ***a, float ***Lap_a, int Nxt, int Nyt,
           int Nzt) {
    int i, j, k;
    float ht, dadx_L, dadx_R, dady_B, dady_T, dadz_D, dadz_U;

    ht = (xright-xleft)/(float) Nxt;
    ijkloopt {
        if (i>1)
            dadx_L = (a[i][j][k]-a[i-1][j][k])/ht;
        else
            dadx_L = 0.0;
        if (i<Nxt)
            dadx_R = (a[i+1][j][k]-a[i][j][k])/ht;
        else
            dadx_R = 0.0;
        if (j>1)
            dady_B = (a[i][j][k]-a[i][j-1][k])/ht;
        else
            dady_B = 0.0;
        if (j<Nyt)
            dady_T = (a[i][j+1][k]-a[i][j][k])/ht;
```

```
            else
                dady_T = 0.0;
            if (k>1)
                dadz_D = (a[i][j][k]-a[i][j][k-1])/ht;
            else
                dadz_D = 0.0;
            if (k<Nzt)
                dadz_U = (a[i][j][k+1]-a[i][j][k])/ht;
            else
                dadz_U = 0.0;

            Lap_a[i][j][k] = (dadx_R-dadx_L+dady_T-dady_B
                              +dadz_U-dadz_D)/ht;}
}
void relaxGS(float ***nc, float ***mu, float ***sc,
    float ***smu, int ilevel, int Nxt, int Nyt, int Nzt) {
    int i, j, k, iter;
    float ht2, a[4], f[2], det;

    ht2 = pow((xright-xleft)/(float) Nxt, 2);
    for (iter=1; iter<=c_relax; iter++) {
        ijkloopt {
            a[0] = 1.0/dt;
            a[1] = 0.0;
            a[2] = -d2f(nc[i][j][k]);
            a[3] = 1.0;
            f[0] = sc[i][j][k];
            f[1] = smu[i][j][k]+df(nc[i][j][k])
                    -d2f(nc[i][j][k])*nc[i][j][k];
            if (i>1) {
                a[1] += 1.0/ht2;
```

제 1 절 3차원 칸-힐리아드 방정식

```
            f[0] += mu[i-1][j][k]/ht2;
            a[2] -= Cahn/ht2;
            f[1] -= Cahn*nc[i-1][j][k]/ht2;}
        if (i<Nxt) {
            a[1] += 1.0/ht2;
            f[0] += mu[i+1][j][k]/ht2;
            a[2] -= Cahn/ht2;
            f[1] -= Cahn*nc[i+1][j][k]/ht2;}
        if (j>1) {
            a[1] += 1.0/ht2;
            f[0] += mu[i][j-1][k]/ht2;
            a[2] -= Cahn/ht2;
            f[1] -= Cahn*nc[i][j-1][k]/ht2;}
        if (j<Nyt) {
            a[1] += 1.0/ht2;
            f[0] += mu[i][j+1][k]/ht2;
            a[2] -= Cahn/ht2;
            f[1] -= Cahn*nc[i][j+1][k]/ht2;}
        if (k>1) {
            a[1] += 1.0/ht2;
            f[0] += mu[i][j][k-1]/ht2;
            a[2] -= Cahn/ht2;
            f[1] -= Cahn*nc[i][j][k-1]/ht2;}
        if (k<Nzt) {
            a[1] += 1.0/ht2;
            f[0] += mu[i][j][k+1]/ht2;
            a[2] -= Cahn/ht2;
            f[1] -= Cahn*nc[i][j][k+1]/ht2;}
        det = a[0]*a[3]-a[1]*a[2];
        nc[i][j][k] = (a[3]*f[0]-a[1]*f[1])/det;
        mu[i][j][k] = (-a[2]*f[0]+a[0]*f[1])/det;} }
```

```
}
void nonL(float ***NSOc, float ***NSOmu, float ***nc,
         float ***mu, int Nxt, int Nyt, int Nzt) {
    int i, j, k;
    float ***lap_mu, ***lap_c;

    lap_c = cube(1, Nxt, 1, Nyt, 1, Nzt);
    lap_mu = cube(1, Nxt, 1, Nyt, 1, Nzt);
    Lap3D(nc, lap_c, Nxt, Nyt, Nzt);
    Lap3D(mu, lap_mu, Nxt, Nyt, Nzt);
    ijkloopt {
        NSOc[i][j][k] = nc[i][j][k]/dt-lap_mu[i][j][k];
        NSOmu[i][j][k] = mu[i][j][k]-df(nc[i][j][k])
                        +Cahn*lap_c[i][j][k];}
    free_cube(lap_mu, 1, Nxt, 1, Nyt, 1, Nzt);
    free_cube(lap_c, 1, Nxt, 1, Nyt, 1, Nzt);
}
void restrict3D2(float ***cf, float ***cc, float ***muf,
                 float ***muc, int Nxt, int Nyt, int Nzt) {
    int i, j, k;

    ijkloopt{
        cc[i][j][k] = 0.125*(cf[2*i][2*j][2*k]
                +cf[2*i-1][2*j][2*k]+cf[2*i][2*j-1][2*k]
                +cf[2*i-1][2*j-1][2*k]+cf[2*i][2*j][2*k-1]
                +cf[2*i-1][2*j][2*k-1]+cf[2*i][2*j-1][2*k-1]
                +cf[2*i-1][2*j-1][2*k-1]);
        muc[i][j][k] = 0.125*(muf[2*i][2*j][2*k]
                +muf[2*i-1][2*j][2*k]+muf[2*i][2*j-1][2*k]
                +muf[2*i-1][2*j-1][2*k]+muf[2*i][2*j][2*k-1]
                +muf[2*i-1][2*j][2*k-1]+muf[2*i][2*j-1][2*k-1]
```

제 1 절 3차원 칸-힐리아드 방정식

```
                 +muf[2*i-1][2*j-1][2*k-1]);}
}
void source_coarse(float ***scc, float ***smuc, float ***nc,
         float ***mu, float ***scf, float ***smuf,
         int Nxf, int Nyf, int Nzf, float ***ncc,
         float ***muc, int Nxc, int Nyc, int Nzc) {
    float ***NSOc, ***NSOmu, ***NSOcc, ***NSOmuc,
         ***defc, ***defmu, ***defcc, ***defmuc;

    defcc = cube(1, Nxc, 1, Nyc, 1, Nzc);
    defmuc = cube(1, Nxc, 1, Nyc, 1, Nzc);
    defc = cube(1, Nxf, 1, Nyf, 1, Nzf);
    defmu = cube(1, Nxf, 1, Nyf, 1, Nzf);
    NSOc = cube(1, Nxf, 1, Nyf, 1, Nzf);
    NSOmu = cube(1, Nxf, 1, Nyf, 1, Nzf);
    NSOcc = cube(1, Nxc, 1, Nyc, 1, Nzc);
    NSOmuc = cube(1, Nxc, 1, Nyc, 1, Nzc);
    nonL(NSOc, NSOmu, nc, mu, Nxf, Nyf, Nzf);
    cube_sub2(defc, scf, NSOc, defmu, smuf, NSOmu,
             1, Nxf, 1, Nyf, 1, Nzf);
    restrict3D2(defc, defcc, defmu, defmuc, Nxc, Nyc, Nzc);
    nonL(NSOcc, NSOmuc, ncc, muc, Nxc, Nyc, Nzc);
    cube_add2(scc, defcc, NSOcc, smuc, defmuc, NSOmuc,
             1, Nxc, 1, Nyc, 1, Nzc);
    free_cube(defc, 1, Nxc, 1, Nyc, 1, Nzc);
    free_cube(defmu, 1, Nxc, 1, Nyc, 1, Nzc);
    free_cube(defcc, 1, Nxf, 1, Nyf, 1, Nzf);
    free_cube(defmuc, 1, Nxf, 1, Nyf, 1, Nzf);
    free_cube(NSOc, 1, Nxf, 1, Nyf, 1, Nzf);
    free_cube(NSOmu, 1, Nxf, 1, Nyf, 1, Nzf);
    free_cube(NSOcc, 1, Nxc, 1, Nyc, 1, Nzc);
```

```
        free_cube(NSOmuc, 1, Nxc, 1, Nyc, 1, Nzc);
}
void prolong3DCH(float ***cc, float ***cf, float ***muc,
                 float ***muf, int Nxt, int Nyt, int Nzt) {
    int i, j, k;

    ijkloopt {
        cf[2*i]  [2*j]  [2*k]   = cc[i][j][k];
        cf[2*i-1][2*j]  [2*k]   = cc[i][j][k];
        cf[2*i]  [2*j-1][2*k]   = cc[i][j][k];
        cf[2*i-1][2*j-1][2*k]   = cc[i][j][k];
        cf[2*i]  [2*j]  [2*k-1] = cc[i][j][k];
        cf[2*i-1][2*j]  [2*k-1] = cc[i][j][k];
        cf[2*i]  [2*j-1][2*k-1] = cc[i][j][k];
        cf[2*i-1][2*j-1][2*k-1] = cc[i][j][k];
        muf[2*i]  [2*j]  [2*k]   = muc[i][j][k];
        muf[2*i-1][2*j]  [2*k]   = muc[i][j][k];
        muf[2*i]  [2*j-1][2*k]   = muc[i][j][k];
        muf[2*i-1][2*j-1][2*k]   = muc[i][j][k];
        muf[2*i]  [2*j]  [2*k-1] = muc[i][j][k];
        muf[2*i-1][2*j]  [2*k-1] = muc[i][j][k];
        muf[2*i]  [2*j-1][2*k-1] = muc[i][j][k];
        muf[2*i-1][2*j-1][2*k-1] = muc[i][j][k];}
}
void vcycle(float ***nc, float ***mu, float ***sc,
            float ***smu, int Nxf, int Nyf,
            int Nzf, int ilevel) {

    relaxGS(nc, mu, sc,smu, ilevel, Nxf, Nyf, Nzf);
    if (ilevel < n_level) {
        int Nxc, Nyc, Nzc;
```

제 1 절 3차원 칸-힐리아드 방정식

```
        float ***scc,***smuc,***ncc,***muc,***cc_new,
              ***muc_new, ***correct_c, ***correct_mu;
        Nxc = Nxf/2;
        Nyc = Nyf/2;
        Nzc = Nzf/2;
        scc = cube(1, Nxc, 1, Nyc, 1, Nzc);
        smuc = cube(1, Nxc, 1, Nyc, 1, Nzc);
        ncc = cube(1, Nxc, 1, Nyc, 1, Nzc);
        muc = cube(1, Nxc, 1, Nyc, 1, Nzc);
        correct_c = cube(1, Nxf, 1, Nyf, 1, Nzf);
        correct_mu = cube(1, Nxf, 1, Nyf, 1, Nzf);
        cc_new = cube(1, Nxc, 1, Nyc, 1, Nzc);
        muc_new = cube(1, Nxc, 1, Nyc, 1, Nzc);
        restrict3D2(nc, ncc, mu, muc, Nxc, Nyc, Nzc);
        source_coarse(scc, smuc, nc, mu, sc, smu, Nxf, Nyf, Nzf,
                      ncc, muc, Nxc, Nyc, Nzc);
        cube_copy(cc_new, ncc, 1, Nxc, 1, Nyc, 1, Nzc);
        cube_copy(muc_new, muc, 1, Nxc, 1, Nyc, 1, Nzc);
        vcycle(cc_new, muc_new, scc, smuc,
               Nxc, Nyc, Nzc, ilevel+1);
        cube_sub(cc_new, cc_new, ncc, 1, Nxc, 1, Nyc, 1, Nzc);
        cube_sub(muc_new, muc_new, muc,
                 1, Nxc, 1, Nyc, 1, Nzc);
        prolong3DCH(cc_new, correct_c, muc_new, correct_mu,
                    Nxc, Nyc, Nzc);
        cube_add2(nc, nc, correct_c, mu, mu, correct_mu,
                  1, Nxf, 1, Nyf, 1, Nzf);
        relaxGS(nc, mu, sc, smu, ilevel, Nxf, Nyf, Nzf);
        free_cube(scc, 1, Nxc, 1, Nyc, 1, Nzc);
        free_cube(smuc, 1, Nxc, 1, Nyc, 1, Nzc);
        free_cube(ncc, 1, Nxc, 1, Nyc, 1, Nzc);
```

제 6 장 3차원 칸-힐리아드 방정식(CAHN-HILLIARD EQUATION)

```c
            free_cube(muc, 1, Nxc, 1, Nyc, 1, Nzc);
            free_cube(correct_c, 1, Nxf, 1, Nyf, 1, Nzf);
            free_cube(correct_mu, 1, Nxf, 1, Nyf, 1, Nzf);
            free_cube(cc_new, 1, Nxc, 1, Nyc, 1, Nzc);
            free_cube(muc_new, 1, Nxc, 1, Nyc, 1, Nzc);}
}
void CHeq(float ***oc, float ***nc) {
    int max_it_MG = 50, it_MG = 1;
    float tol = 1.0e-5, resid = 1.0;

    source(oc, sc, smu);
    cube_copy(c_tmp, oc, 1, Nx, 1, Ny, 1, Nz);
    while (it_MG <= max_it_MG && resid > tol) {
  vcycle(nc, mu, sc, smu, Nx, Ny, Nz, 1);
  resid = diff_norm3D(c_tmp, nc, Nx, Ny, Nz);
  cube_copy(c_tmp, nc, 1, Nx, 1, Ny, 1, Nz); it_MG++;}
        printf("diff_norm3D %12.10f %d \n",resid,it_MG-1);
}
int main() {
    int it, max_it, ns, count = 1;
    float ***oc, ***nc;

    Nx=GNx; Ny=GNy; Nz=GNz;
    xleft = 0.0; xright = 1.0;
    yleft = 0.0; yright = 1.0;
    zleft = 0.0; zright = 1.0;
    h = (xright-xleft)/(float)Nx;
    n_level = (int)(log(Nx)/log(2.0)+0.1)-1;
    c_relax = 5;
    dt = h;
    max_it = 35;
```

제 1 절 3차원 칸-힐리아드 방정식

```
    ns = 1;
    gam = 4.0*h/(2*sqrt(2.0)*(atanh(0.9)));
    Cahn = pow(gam,2);
    oc = cube(0, Nx+1, 0, Ny+1, 0, Nz+1);
    nc = cube(0, Nx+1, 0, Ny+1, 0, Nz+1);
    mu = cube(1, Nx, 1, Ny, 1, Nz);
    c_tmp = cube(1, Nx, 1, Ny, 1, Nz);
    sc = cube(1, Nx, 1, Ny, 1, Nz);
    smu = cube(1, Nx, 1, Ny, 1, Nz);
    zero_cube(mu, 1, Nx, 1, Ny, 1, Nz);
    initialization(oc);
    cube_copy(nc, oc, 1, Nx, 1, Ny, 1, Nz);
    print_data(oc,0);
    for (it=1; it<=max_it; it++) {
        CHeq(oc, nc);
        cube_copy(oc, nc, 1, Nx, 1, Ny, 1, Nz);
        if (it % ns==0) {
            print_data(oc, count); count++;
            printf("print out counts %d , time %f \n",
                count, it*1.0*dt); }}
    printf("%d \n", it);
    printf("gam = %f\n", gam);
    printf("Nx = %d ,Ny = %d ,Nz = %d\n", Nx, Ny, Nz);
    printf("dt = %f\n", dt);
    printf("max_it = %d\n", max_it);
    printf("ns = %d\n", ns);
    printf("n_level = %d\n\n", n_level);
    return 0;
}
```

다음 MATLAB 코드는 [6.1 그림]에 있는 결과를 만듭니다.

```
clear all;
A=load('./c35.m'); p=length(A); nn=32; n=p/(nn*nn);
h=1/nn; x=linspace(0.5*h,1-0.5*h,nn); y=x; z=x;
[xx yy zz] = meshgrid(x,y,z);
for i=1:n
    for j=1:n
        for k=1:n
            p(i,j,k)=A(n*n*(i-1)+n*(j-1)+k);
        end
    end
end
hold on;
q=patch(isosurface(xx,yy,zz,p,0));
set(q,'FaceColor','yellow','EdgeColor','none');
daspect([1 1 1]); view(3); camlight;lighting phong;
axis ([0 1 0 1 0 1])
```

7장

2차원 나비어–스톡스–칸–힐리아드 방정식(Navier–Stokes–Cahn–Hilliard equation)

이 장에서는 두 개의 비압축성 비혼합성 유체의 혼합물에 대한 2차원 나비어–스톡스–칸–힐리아드 방정식을 다룹니다. 섞이지 않는 두 유체의 경계면은 상태장의 제로 값으로 나타냅니다. 이 시스템에서 상태장은 표면장력 공식을 통해 속도장에 영향을 주며, 속도장은 상태장을 이동시킴으로써 서로 영향을 줍니다. 이 나비어–스톡스–칸–힐리아드 시스템은 병합이나 분리와 같은 위상 변화를 문제없이 해결할 수 있습니다. 또한, 상태장 보존 특징이 잘 성립합니다.

제 1 절 지배 방정식

2차원 비압축성 비혼합성 2상 유체 유동에 대한 지배 방정식은 다음과 같은 나비어–스톡스–칸–힐리아드 방정식으로 표현될 수 있습니다.

$$\frac{\partial \mathbf{u}(x,y,t)}{\partial t} + \mathbf{u}(x,y,t) \cdot \nabla \mathbf{u}(x,y,t) = -\nabla p(x,y,t) + \frac{1}{Re}\Delta \mathbf{u}(x,y,t) \quad (7.1)$$
$$+ \mathbf{SF}(x,y,t), \ (x,y,t) \in \Omega \times (0, \infty),$$

$$\nabla \cdot \mathbf{u}(x,y,t) = 0, \quad (7.2)$$

제 7 장 2차원 나비어–스톡스–칸–힐리아드 방정식
(NAVIER–STOKES–CAHN–HILLIARD EQUATION)

$$\frac{\partial \phi(x,y,t)}{\partial t} + \nabla \cdot (\phi(x,y,t)\mathbf{u}(x,y,t)) = \frac{1}{Pe}\Delta \mu(x,y,t), \quad (7.3)$$

$$\mu(x,y,t) = F'(\phi(x,y,t)) - \epsilon^2 \Delta \phi(x,y,t). \quad (7.4)$$

위 식에서 **SF**는 표면장력이며 Pe는 페클레 수입니다 [27]. Ω는 $\mathbb{R}^2$에 속해 있는 열린 유계 영역입니다. **SF**에 대한 다양한 식은 [17, 26]을 참고하시기 바랍니다. 이 책에서는 다음 정의를 사용합니다:

$$\mathbf{SF} = -\frac{3\sqrt{2}\epsilon}{4We}\nabla \cdot \left(\frac{\nabla \phi}{|\nabla \phi|}\right)|\nabla \phi|\nabla \phi.$$

위 식에서 $We = \rho L_c V_c^2/\sigma$는 웨버 수이며 σ는 표면장력 상수입니다. (7.3) 식에서 수치적 상태장 보존을 위하여 보존적 이류 형식 $\nabla \cdot (\phi \mathbf{u})$이 사용되었음을 덧붙입니다.

제 2 절   수치해법

대부분의 수치해법 알고리즘은 단상 나비어–스톡스 방정식 또는 2상 칸–힐리아드 방정식과 동일하기에, 본 장에서는 추가적인 부분만을 설명합니다. 직교 좌표계에서 균일 격자 크기 h를 가지는 격자를 계산을 수행할 영역으로 설정합니다. $i = 1, \cdots, N_x$, $j = 1, \cdots, N_y$에 대하여 각 격자의 중앙 Ω_{ij}은 $(x_i, y_j) = ((i - 0.5)h, (j - 0.5)h)$에 위치해 있습니다. 격자 꼭짓점들은 $(x_{i+\frac{1}{2}}, y_{j+\frac{1}{2}}) = (ih, jh)$에 위치해 있습니다. Harlow와 Welch [15]의 교차된 마커 및 셀 격자(MAC)가 사용되며, 여기서 압력과 상태장은 격자 중심에 정의되고 속도장은 격자 인터페이스에서 정의됩니다. [7.1 그림]에 격자가 표현되어있습니다.

매 시점 마다 주어진 $\mathbf{u}^n$와 ϕ^n에 대하여 (7.1)–(7.4) 운동 방정식의 무차원 형태의 이산화된 식을 풀어 $\mathbf{u}^{n+1}, p^{n+1}, \phi^{n+1}$를 구하고자 합니다.

$$\frac{u^{n+1}_{i+\frac{1}{2},j} - u^n_{i+\frac{1}{2},j}}{\Delta t} = -(uu_x + vu_y)^n_{i+\frac{1}{2},j} - \left(\frac{p^{n+1}_{i+1,j} - p^{n+1}_{ij}}{h} + \frac{p^{n+1}_{i,j+1} - p^{n+1}_{ij}}{h}\right) \quad (7.5)$$
$$+ \frac{1}{h^2 Re}\left(u^n_{i+\frac{3}{2},j} + u^n_{i-\frac{1}{2},j} - 4u^n_{i+\frac{1}{2},j} + u^n_{i+\frac{1}{2},j+1} + u^n_{i+\frac{1}{2},j-1}\right) + SF^n_{i+\frac{1}{2},j}$$

제 2 절 수치해법

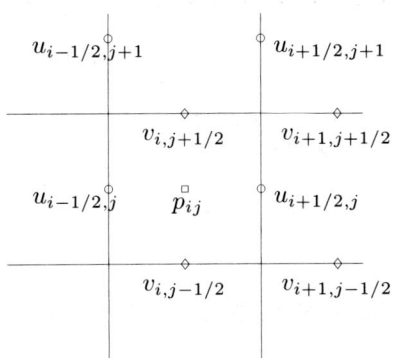

그림 7.1: 속도는 격자 경계에서, 압력장과 상태장은 격자 중앙에서 정의

$$\frac{v_{i,j+\frac{1}{2}}^{n+1} - v_{i,j+\frac{1}{2}}^n}{\Delta t} = -(uv_x + vv_y)_{i,j+\frac{1}{2}}^n - \left(\frac{p_{i+1,j}^{n+1} - p_{ij}^{n+1}}{h} + \frac{p_{i,j+1}^{n+1} - p_{ij}^{n+1}}{h} \right) \quad (7.6)$$

$$+ \frac{1}{h^2 Re} \left(v_{i+1,j+\frac{1}{2}}^n + v_{i-1,j+\frac{1}{2}}^n - 4v_{i,j+\frac{1}{2}}^n + v_{i,j+\frac{3}{2}}^n + v_{i,j-\frac{1}{2}}^n \right) + SF_{i,j+\frac{1}{2}}^n$$

$$\frac{u_{i+\frac{1}{2},j} - u_{i-\frac{1}{2},j}}{h} + \frac{v_{i,j+\frac{1}{2}} - v_{i,j-\frac{1}{2}}}{h} = 0, \quad (7.7)$$

$$\frac{\phi_{ij}^{n+1} - \phi_{ij}^n}{\Delta t} = -\nabla \cdot (\phi \mathbf{u})_{ij}^n + \frac{1}{Pe} \Delta_d \mu_{ij}^{n+1}, \quad (7.8)$$

$$\mu_{ij}^{n+1} = (\phi_{ij}^{n+1})^3 - \phi_{ij}^n - \epsilon^2 \Delta_d \phi_{ij}^{n+1}. \quad (7.9)$$

나비어-스톡스-칸-힐리아드 방정식에 대한 해법은 다음과 같이 진행됩니다: 주어진 $\mathbf{u}^n$와 ϕ^n에 대하여, (7.5)-(7.7) 식을 풀어서 $\mathbf{u}^{n+1}$를 계산하고, (7.8) 식과 (7.9) 식을 풀어서 ϕ^{n+1}를 계산합니다. 각 시점에 대하여 핵심적인 진행 순서는 다음과 같습니다:

1 단계. $\mathbf{u}^0$가 발산하지 않는 속도장이 되도록 초기화시킵니다.

2 단계. 압력항이 없고 일반적으로 비압축성 특징을 가지지 않는 임시 속도장 $\tilde{\mathbf{u}}$를 풉니다.

$$\frac{\tilde{\mathbf{u}} - \mathbf{u}^n}{\Delta t} = -\mathbf{u}^n \cdot \nabla_d \mathbf{u}^n + \frac{1}{Re} \Delta_d \mathbf{u}^n + \mathbf{SF}^n. \quad (7.10)$$

여기서 표면장력의 이산화에 대하여 설명합니다. 두 유체의 경계에서의 정점 중심 경계 방향과 법선인 벡터는 4개의 주변 격자에서 상태장을 미분하여 얻습니다. 예를 들어, 상단 오른쪽의 격자 Ω_{ij}의 법선 벡터는 다음과 같이

제 7 장 2차원 나비어-스톡스-칸-힐리아드 방정식
(NAVIER-STOKES-CAHN-HILLIARD EQUATION)

주어집니다.

$$\mathbf{m}_{i+\frac{1}{2},j+\frac{1}{2}} = (n^x_{i+\frac{1}{2},j+\frac{1}{2}}, n^y_{i+\frac{1}{2},j+\frac{1}{2}}) = \left(\frac{\phi_{i+1,j} + \phi_{i+1,j+1} - \phi_{ij} - \phi_{i,j+1}}{2h}, \right.$$
$$\left. \frac{\phi_{i,j+1} + \phi_{i+1,j+1} - \phi_{ij} - \phi_{i+1,j}}{2h} \right).$$

곡률(curvature)은 격자 중앙에서 꼭짓점 중심인 법선을 이용하여 계산되며, 다음과 같습니다.

$$\nabla_d \cdot \left(\frac{\mathbf{m}}{|\mathbf{m}|} \right)_{ij} = \frac{1}{2h} \left(\frac{n^x_{i+\frac{1}{2},j+\frac{1}{2}} + n^y_{i+\frac{1}{2},j+\frac{1}{2}}}{|\mathbf{m}_{i+\frac{1}{2},j+\frac{1}{2}}|} + \frac{n^x_{i+\frac{1}{2},j-\frac{1}{2}} - n^y_{i+\frac{1}{2},j-\frac{1}{2}}}{|\mathbf{m}_{i+\frac{1}{2},j-\frac{1}{2}}|} \right.$$
$$\left. - \frac{n^x_{i-\frac{1}{2},j+\frac{1}{2}} - n^y_{i-\frac{1}{2},j+\frac{1}{2}}}{|\mathbf{m}_{i-\frac{1}{2},j+\frac{1}{2}}|} - \frac{n^x_{i-\frac{1}{2},j-\frac{1}{2}} + n^y_{i-\frac{1}{2},j-\frac{1}{2}}}{|\mathbf{m}_{i-\frac{1}{2},j-\frac{1}{2}}|} \right),$$

여기서 $\nabla_d \cdot$는 발산 연산자에 대한 유한 차분 근사입니다. 격자 중앙의 법선은 꼭짓점의 법선들의 평균입니다.

$$\nabla_d \phi_{ij} = \left(\mathbf{m}_{i+\frac{1}{2},j+\frac{1}{2}} + \mathbf{m}_{i+\frac{1}{2},j-\frac{1}{2}} + \mathbf{m}_{i-\frac{1}{2},j+\frac{1}{2}} + \mathbf{m}_{i-\frac{1}{2},j-\frac{1}{2}} \right)/4,$$

∇_d는 그래디언트 연산자에 대한 유한 차분 근사입니다. 따라서, 표면장력 공식의 이산화(surface tension force formulation)는 다음과 같습니다.

$$\mathbf{SF}^n_{ij} = -\frac{6\sqrt{2}\epsilon}{We} \nabla_d \cdot \left(\frac{\mathbf{m}}{|\mathbf{m}|} \right)^n_{ij} |\nabla_d \phi^n_{ij}| \nabla_d \phi^n_{ij}.$$

$SF^n_{i+\frac{1}{2},j} = (\mathbf{SF}^n_{ij} + \mathbf{SF}^n_{i+1,j})/2$, $SF^n_{i,j+\frac{1}{2}} = (\mathbf{SF}^n_{ij} + \mathbf{SF}^n_{i,j+1})/2$ 라고 정의하면, (7.10) 식은 다음과 같이 표현됩니다.

$$\tilde{u}_{i+\frac{1}{2},j} = u^n_{i+\frac{1}{2},j} - \Delta t (uu_x + vu_y)^n_{i+\frac{1}{2},j} + SF^n_{i+\frac{1}{2},j}$$
$$+ \frac{\Delta t}{h^2 Re} \left(u^n_{i+\frac{3}{2},j} + u^n_{i-\frac{1}{2},j} - 4u^n_{i+\frac{1}{2},j} + u^n_{i+\frac{1}{2},j+1} + u^n_{i+\frac{1}{2},j-1} \right), \quad (7.11)$$
$$\tilde{v}_{i,j+\frac{1}{2}} = v^n_{i,j+\frac{1}{2}} - \Delta t (uv_x + vv_y)^n_{i,j+\frac{1}{2}} + SF^n_{i,j+\frac{1}{2}}$$
$$+ \frac{\Delta t}{h^2 Re} \left(v^n_{i+1,j+\frac{1}{2}} + v^n_{i-1,j+\frac{1}{2}} - 4v^n_{i,j+\frac{1}{2}} + v^n_{i,j+\frac{3}{2}} + v^n_{i,j-\frac{1}{2}} \right). \quad (7.12)$$

제 2 절 수치해법

다음으로, $(n+1)$ 시점에서 압력장에 대한 식들을 해결합니다.

$$\frac{\mathbf{u}^{n+1} - \tilde{\mathbf{u}}}{\Delta t} = -\nabla_d p^{n+1}, \quad (7.13)$$

$$\nabla_d \cdot \mathbf{u}^{n+1} = 0. \quad (7.14)$$

(7.13) 식에 발산 연산자를 적용하면, 시점 $(n+1)$에서 압력에 대한 푸아송 방정식을 얻습니다.

$$\Delta_d p^{n+1} = \frac{1}{\Delta t} \nabla_d \cdot \tilde{\mathbf{u}}. \quad (7.15)$$

여기서, (7.14) 식을 사용하였으며, 위 식의 각 항들은 다음과 같이 정의됩니다.

$$\Delta_d p^{n+1} = \frac{p^{n+1}_{i+1,j} + p^{n+1}_{i-1,j} - 4p^{n+1}_{ij} + p^{n+1}_{i,j+1} + p^{n+1}_{i,j-1}}{h^2},$$

$$\nabla_d \cdot \tilde{\mathbf{u}}_{ij} = \frac{\tilde{u}_{i+\frac{1}{2},j} - \tilde{u}_{i-\frac{1}{2},j}}{h} + \frac{\tilde{v}_{i,j+\frac{1}{2}} - \tilde{v}_{i,j-\frac{1}{2}}}{h}.$$

압력에 대한 경계조건은 다음과 같습니다.

$$\mathbf{n} \cdot \nabla_d p^{n+1} = \mathbf{n} \cdot \left(-\frac{\mathbf{u}^{n+1} - \mathbf{u}^n}{\Delta t} - (\mathbf{u} \cdot \nabla_d \mathbf{u})^n + \frac{1}{Re} \Delta_d \mathbf{u}^n \right).$$

여기서 $\mathbf{n}$는 계산 영역 경계에서의 단위 법선 벡터입니다. 미끄럼 없는 선형 경계조건 $(\mathbf{n} \cdot \Delta_d \mathbf{u}^n = 0)$을 경계에서 사용하였습니다. 결과적으로, 다음 식을 얻습니다.

$$\mathbf{n} \cdot \nabla_d p^{n+1} = 0. \quad (7.16)$$

결론적으로 얻는 (7.15) 식의 선형 시스템은 멀티그리드 방법 [38]을 통해 계산됩니다. 따라서 무발산 속도 u^{n+1}와 v^{n+1}는 다음과 같이 정의됩니다.

$$\mathbf{u}^{n+1} = \tilde{\mathbf{u}} - \Delta t \nabla_d p^{n+1}.$$

대류 칸-힐리아드 부분 (7.8) 식과 (7.9) 식에 대하여, 대류 부분인 $\nabla \cdot (\phi \mathbf{u})^n_{ij}$와 $\Delta_d \mu^{n+1}_{ij}$ 앞의 계수 $1/Pe$만 이전에 살펴보았던 칸-힐리아드 방정식

과 다르다. 따라서 이러한 점들을 제외하면, 수치 계산 알고리즘은 칸-힐리아드 방정식의 해법과 같습니다. 상태장 방정식의 대류 부분에 대한 보존적 이산화를 사용합니다.

$$((u\phi)_x + (v\phi)_y)_{ij}^n = \frac{u_{i+\frac{1}{2},j}^n(\phi_{i+1,j}^n + \phi_{ij}^n) - u_{i-\frac{1}{2},j}^n(\phi_{ij}^n + \phi_{i-1,j}^n)}{2h}$$
$$+ \frac{v_{i,j+\frac{1}{2}}^n(\phi_{i,j+1}^n + \phi_{ij}^n) - u_{i,j-\frac{1}{2}}^n(\phi_{ij}^n + \phi_{i,j-1}^n)}{2h}.$$

(7.8) 식과 (7.9) 식을 다음과 같이 고쳐쓸수 있습니다.

$$NSO(\phi^{n+1}, \mu^{n+1}) = (\xi^n, \psi^n),$$

여기서 비선형 연산자 NSO는 다음과 같이 정의되고,

$$NSO(\phi^{n+1}, \mu^{n+1}) = \left(\frac{\phi^{n+1}}{\Delta t} - \frac{1}{Pe}\Delta_d \mu^{n+1},\ \mu^{n+1} - (\phi^{n+1})^3 + \epsilon^2 \Delta_d \phi^{n+1} \right).$$

소스 항은 다음과 같이 나타내집니다.

$$(\xi^n, \psi^n) = \left(\frac{\phi^n}{\Delta t} - ((\phi u)_x + (\phi v)_y)^n,\ -\phi^n \right).$$

이로써 한 시점 스텝에 대한 2차원 나비어-스톡스-칸-힐리아드 방정식에 대한 계산이 완료됩니다.

제 3 절 수치 실험

압력 점프와 덮개-구동 캐비티 유동 속의 방울과 같은 수치 계산 실험을 진행합니다. 이상 유체 모델링에서 표면장력 공식이 알맞게 적용되었는지 확인할 수 있으므로 압력 점프 실험은 매우 중요합니다.

3.1 압력 점프(pressure jump)

중력과 같은 외부 힘이 없을 때 표면장력은 정지된 2차원 방울이 원형이 되도록 만듭니다. 영-라플라스(Young–Laplace) 방정식에 의하여, 방울의 내부와

제 3 절 수치 실험

외부의 압력 차이는 $[p] = \sigma/R$이고, R은 방울의 반지름, σ는 표면장력 상수입니다 [5]. 수치적 압력 차이 $[p]_{num}$는 다음과 같이 계산됩니다.

$$[p]_{num} = \max_{\mathbf{x}_{ij} \in \Omega_h} p_{ij} - \min_{\mathbf{x}_{ij} \in \Omega_h} p_{ij}. \tag{7.17}$$

여기서 p_{ij}는 계산 영역 Ω_h에서의 압력입니다. 수치 시뮬레이션을 위하여 방울은 단위 사각형 $\Omega = (-0.5, 0.5) \times (-0.5, 0.5)$의 중앙에 위치하며, 반지름은 $R = 0.25$라고 설정합니다. $\sigma = 5$, 일정 밀도 $\rho = 1$와 점성 $\eta = 1$을 사용하였습니다. 따라서 압력 차이는 $[p] = 20$입니다. 수치적 압력 차이는 $n = 5, 6, 7$일 때 $h = 1/2^n$를 사용하여 계산되었습니다. 초기조건은 다음과 같습니다.

$$u(x, y, 0) = v(x, y, 0) = 0, \tag{7.18}$$

$$\phi(x, y, 0) = \tanh \frac{R - \sqrt{x^2 + y^2}}{\sqrt{2}\epsilon}. \tag{7.19}$$

위 식에서 $\epsilon = 0.03$을 사용하였습니다. 시뮬레이션은 한 시간 스텝을 수행하였고 ⟨7.1 표⟩는 여러 격자에 대하여 서로 다른 압력 차이 $[p]_{num}$를 나타내었습니다. h가 점점 작아질수록 압력 차이 $[p]_{num}$가 이론적인 값에 가까워짐을 확인할 수 있습니다.

표 7.1: $\sigma = 5$, $R = 0.25$일 때 여러 격자에 대한 압력 차이 $[p]_{num}$.

$N_x \times N_y$	32×32	64×64	128×128
$[p]_{num}$	17.6805	19.4413	19.9844

3.2 덮개-구동 캐비티 유동에 의한 2차원 방울

이 절에서는 2차원 사각 영역 $\Omega = (0, 1) \times (0, 1)$에서의 덮개-구동 캐비티(Cavity) 유동에 의한 2차원 방울의 움직임을 고려합니다. [7.3 그림]은 덮개-구동 캐비티 유동에 의한 2차원 방울에 대한 초기조건, 계산 영역, 경계조건을 보여줍니다. 이 영역 내부의 모든 점에서 초기 속도는 0이고 상단 덮개를 제외한 모든

제 7 장　2차원 나비어–스톡스–칸–힐리아드 방정식
(NAVIER–STOKES–CAHN–HILLIARD EQUATION)

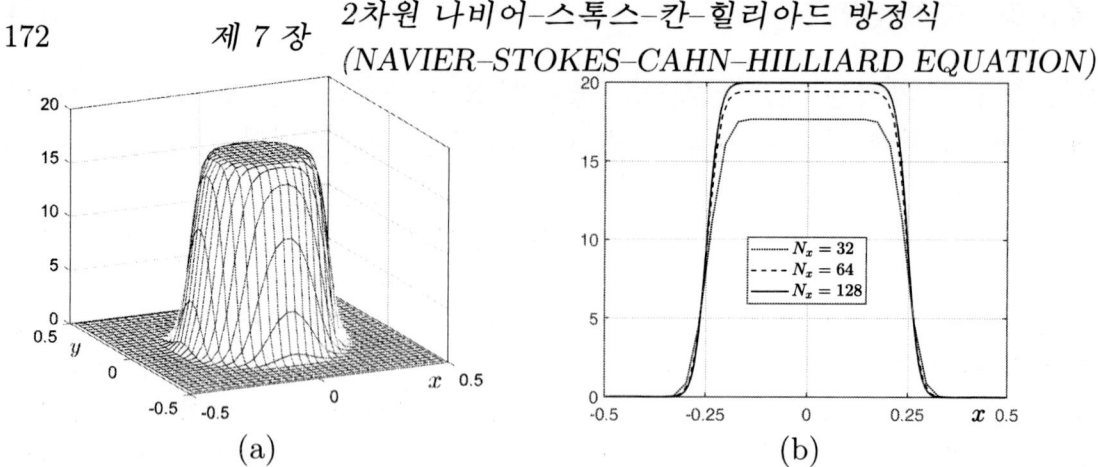

그림 7.2: (a) $N_x \times N_y = 32 \times 32$ 격자에서 압력 필드. (b) $y=0$ 일 때 서로 다른 세 격자 $N_x \times N_y = 32 \times 32, 64 \times 64, 128 \times 128$ 에서의 압력값.

경계에서의 속도도 0입니다. 상단 덮개 속도는 $(u,v) = (1,0)$입니다. 따라서, 유체의 유동은 상단 덮개에 의하여 이루어지게 됩니다 [14].

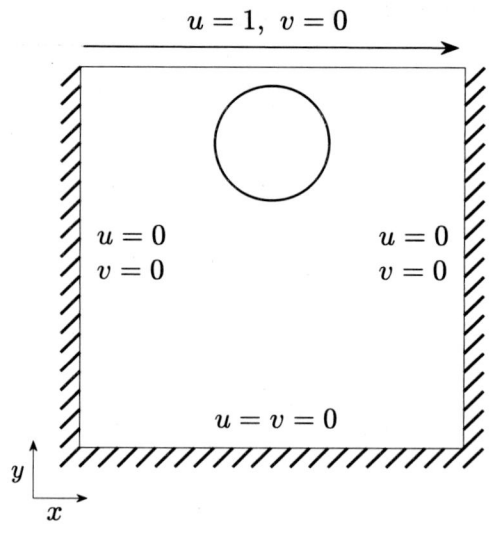

그림 7.3: 덮개-구동 캐비티 유동에 대한 도식도.

$N_x = N_y = 64$를 사용한 결과가 [7.4 그림]에 나타나 있습니다. $h = 1/64$, $Re = 50$, $We = 10$이고, 상단 덮개에 대한 경계조건 $(u,v) = (1,0)$, 방울의 반지름 $R = 0.15$, $\epsilon = 4h/[2\sqrt{2}\tanh^{-1}(0.9)]$, $Pe = 0.1/\epsilon$, $\Delta t = 0.1h^2 Re$입니다.

제 3 절 수치 실험   173

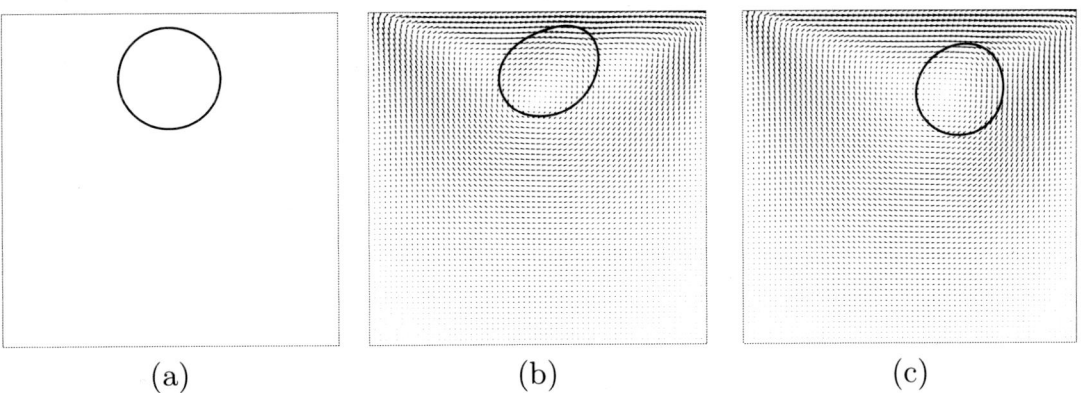

그림 7.4: 시간에 따른 수치해와 속도장. (a) $t = 0$, (b) $t = 800\Delta t$, (c) $t = 1800\Delta t$.

3.3 C 코드와 후처리 MATLAB 코드

다음은 [7.4 그림]의 2차원 캐비티 유동에 대한 C 코드이며, 매개변수들은 ⟨7.2 표⟩에서 가져왔습니다.

```c
#include <stdio.h>
#include <math.h>
#include <stdlib.h>
#include <time.h>
#define GNx 64
#define GNy GNx
#define iloop for (i=1; i<=GNx; i++)
#define i0loop for (i=0; i<=GNx; i++)
#define jloop for (j=1; j<=GNy; j++)
#define j0loop for (j=0; j<=GNy; j++)
#define ijloop iloop jloop
#define i0jloop i0loop jloop
#define ij0loop iloop j0loop
#define iloopt for (i=1; i<=Nxt; i++)
#define i0loopt for (i=0; i<=Nxt; i++)
#define jloopt for (j=1; j<=Nyt; j++)
```

제 7 장 2차원 나비어–스톡스–칸–힐리아드 방정식
(NAVIER–STOKES–CAHN–HILLIARD EQUATION)

표 7.2: 2차원 나비어–스톡스–칸–힐리아드 방정식에 사용된 매개변수들.

매개변수	설명
Nx, Ny	x-, y-방향에서 최대 격자 개수
n_level	멀티그리드 단계
p_relax	푸아송 방정식 가우스–세이델 반복 횟수
c_relax	칸–힐리아드 방정식 가우스–세이델 반복 횟수
dt	Δt
xleft, yleft	x, y축의 최솟값
xright, yright	x, y축의 최댓값
ns	출력된 데이터의 개수
max_it	최대 시행 횟수
max_it_MG	멀티그리드 연산 횟수
tol_MG	멀티그리드의 오차 범위
h	공간 격자 크기
h2	h^2
gam	ϵ
Cahn	ϵ^2
ra	방울의 반지름
Re	레이놀즈 수
Ca	공동의 수
We	웨버 수
Pe	페클레 수

제 3 절 수치 실험   175

```
#define j0loopt for (j=0; j<=Nyt; j++)
#define ijloopt iloopt jloopt
#define i0jloopt i0loopt jloopt
#define ij0loopt iloopt j0loopt

int Nx, Ny, n_level, p_relax, c_relax, max_iteration;
double **fxx, **fyy, pi, **ux, **uy, **sor,
h, h2, **tu, **tv, **workp, **worku,
**workv, **adv_u, **adv_v, **adv_c, dt,
xleft, xright, yleft, yright, Re, We,
**mu, **ct, **sc, **smu, ra, gam, Cahn, Pe;
char bufferu[20], bufferv[20], bufferp[20],
bufferposi[20], bufferfmuv[20];

double **dmatrix(long i_start, long i_end,
                long j_start, long j_end) {
    double **m;
    long i, nrow=i_end-i_start+2, ncol=j_end-j_start+2;

    m = (double **) malloc((nrow)*sizeof(double*));
    m += 1;
    m -= i_start;
    m[i_start] = (double *) malloc((nrow*ncol)*sizeof(double));
    m[i_start] += 1;
    m[i_start] -= j_start;
    for (i=i_start+1; i<=i_end; i++)
        m[i] = m[i-1]+ncol;
    return m;
}

void free_dmatrix(double **m, long i_start, long i_end,
```

```c
                     long j_start, long j_end) {
    free(m[i_start]+j_start-1);
    free(m+i_start-1);
}

void mat_add(double **a, double **b, double **c,
             int i_start, int i_end, int j_start, int j_end) {
    int i, j;

    for (i=i_start; i<=i_end; i++)
        for (j=j_start; j<=j_end; j++)
            a[i][j] = b[i][j]+c[i][j];
}

void mat_add2(double **a, double **b, double **c,
              double **a2, double **b2, double **c2,
              int x_start, int x_end, int y_start, int y_end) {
    int i, j;
    for (i=x_start; i<=x_end; i++)
        for (j=y_start; j<=y_end; j++) {
            a[i][j] = b[i][j]+c[i][j];
            a2[i][j] = b2[i][j]+c2[i][j];}
}

void zero_matrix(double **a, int x_start, int x_end,
                 int y_start, int y_end) {
    int i, j;

    for (i=x_start; i<=x_end; i++)
        for (j=y_start; j<=y_end; j++)
            a[i][j] = 0.0;
```

제 3 절 수치 실험

```
}

void mat_copy(double **a, double **b, int x_start, int x_end,
              int y_start, int y_end) {
    int i, j;

    for (i=x_start; i<=x_end; i++)
        for (j=y_start; j<=y_end; j++)
            a[i][j] = b[i][j];
}

void mat_copy2(double **a, double **b, double **a2, double **b2,
               int x_start, int x_end, int y_start, int y_end) {
    int i, j;

    for (i=x_start; i<=x_end; i++)
        for (j=y_start; j<=y_end; j++) {
            a[i][j] = b[i][j];
            a2[i][j] = b2[i][j];}
}

void mat_sub(double **a, double **b, double **c,
             int i_start, int i_end, int j_start, int j_end) {
    int i, j;

    for (i=i_start; i<=i_end; i++)
        for (j=j_start; j<=j_end; j++)
            a[i][j] = b[i][j]-c[i][j];
}

void mat_sub2(double **a, double **b, double **c, double **a2,
```

```
                    double **b2, double **c2, int i_start, int i_end,
                    int j_start, int j_end) {
    int i, j;

    for (i=i_start; i<=i_end; i++)
        for (j=j_start; j<=j_end; j++) {
            a[i][j] = b[i][j]-c[i][j];
            a2[i][j] = b2[i][j]-c2[i][j];}
}

double norm2(double **a, int i_start, int i_end,
             int j_start, int j_end) {
    int i, j;
    double x = 0.0;

    for(i=i_start; i<=i_end; i++)
        for(j=j_start; j<=j_end; j++)
            if (fabs(a[i][j])>x)
                x = fabs(a[i][j]);
    return x;
}

void pressure_update(double **a) {
    int i, j;
    double ave = 0.0;

    ijloop {
        ave = ave + a[i][j];}
    ave /= (Nx+0.0)*(Ny+0.0);
    ijloop {
        a[i][j] -= ave;}
```

제 3 절 수치 실험

```
}

void initialization(double **p, double **u, double **v,
                    double **phi) {
    int i, j;
    double x, y;

    ijloop {
        x = ((double)i-0.5)*h; y = ((double)j-0.5)*h;
        phi[i][j] = tanh((ra-sqrt(pow(x-0.5*xright,2)
                    +pow(y-0.8*yright,2)))/(sqrt(2.0)*gam));}
    ijloop {
        p[i][j] = 0.0;}
    ij0loop {
        v[i][j] = 0.0;}
    i0jloop {
        u[i][j] = 0.0;}
}

void augmenc(double **c1) {
int i, j;

    for (i=0; i<=Nx+1; i++) {
        c1[i][0] = c1[i][1];
        c1[i][Ny+1] = c1[i][Ny];}
    for (j=0; j<=Ny+1; j++) {
        c1[0][j] = c1[1][j];
        c1[Nx+1][j] = c1[Nx][j];}
}

void phase_field_force(double **phi, double **fxx,
```

```
                       double **fyy) {
    int m, n, zero_norm, i, j;
    double fac, distance_dd, dx1[2][2], dy1[2][2],
    normd[2][2], adx, ady, dxx, dyy, **cx, **cy;
    fac = 3.0*sqrt(2.0)*gam/(4.0*We);
    cx = dmatrix(0,Nx+1,0,Ny+1);
    cy = dmatrix(0,Nx+1,0,Ny+1);

    augmenc(phi);

    ijloop {
        dx1[0][0]=(phi[i][j]+phi[i][j-1]
                   -phi[i-1][j]-phi[i-1][j-1])/(2.0*h);
        dx1[0][1]=(phi[i][j+1]+phi[i][j]
                   -phi[i-1][j+1]-phi[i-1][j])/(2.0*h);
        dx1[1][0]=(phi[i+1][j]+phi[i+1][j-1]
                   -phi[i][j]-phi[i][j-1])/(2.0*h);
        dx1[1][1]=(phi[i+1][j+1]+phi[i+1][j]
                   -phi[i][j+1]-phi[i][j])/(2.0*h);
        dy1[0][0]=(phi[i][j]-phi[i][j-1]+phi[i-1][j]
                   -phi[i-1][j-1])/(2.0*h);
        dy1[0][1]=(phi[i][j+1]-phi[i][j]+phi[i-1][j+1]
                   -phi[i-1][j])/(2.0*h);
        dy1[1][0]=(phi[i+1][j]-phi[i+1][j-1]+phi[i][j]
                   -phi[i][j-1])/(2.0*h);
        dy1[1][1]=(phi[i+1][j+1]-phi[i+1][j]+phi[i][j+1]
                   -phi[i][j])/(2.0*h);
        zero_norm=0;

        for (m=0; m<2; m++)
            for (n=0; n<2; n++) {
```

제 3 절 수치 실험

```
                    normd[m][n] = sqrt(pow(dx1[m][n],2)
                                 +pow(dy1[m][n],2));
                if (normd[m][n]<=1.0e-9)
                    zero_norm=1;}

       adx = (dx1[0][0]+dx1[0][1]
              +dx1[1][1]+dx1[1][0])/4.0;
       ady = (dy1[0][0]+dy1[0][1]
              +dy1[1][1]+dy1[1][0])/4.0;
   distance_dd = sqrt(pow(adx,2)+pow(ady,2));
   if (distance_dd<=1.0e-9)
       zero_norm=1;
   if ((!zero_norm) && (fabs(phi[i][j])<0.98)) {
       dxx = ((dx1[1][1]/normd[1][1]
               +dx1[1][0]/normd[1][0])
              -(dx1[0][1]/normd[0][1]
                +dx1[0][0]/normd[0][0]))/(2.0*h);
       dyy = ((dy1[1][1]/normd[1][1]
               +dy1[0][1]/normd[0][1])
              -(dy1[1][0]/normd[1][0]
                +dy1[0][0]/normd[0][0]))/(2.0*h);
       cx[i][j] = -fac*(dxx+dyy)*sqrt(pow(adx,2)
                   +pow(ady,2))*adx;
       cy[i][j] = -fac*(dxx+dyy)*sqrt(pow(adx,2)
                   +pow(ady,2))*ady;}
   else {
       cx[i][j] = cy[i][j] = 0.0;}}

augmenc(cx);
augmenc(cy);
```

```
    ijloop {
        fxx[i][j] = 0.5*(cx[i][j]+cx[i+1][j]);
        fyy[i][j] = 0.5*(cy[i][j]+cy[i][j+1]);}
    free_dmatrix(cx, 0, Nx+1, 0, Ny+1);
    free_dmatrix(cy, 0, Nx+1, 0, Ny+1);
}

void augmenuv(double **u, double **v, int Nx, int Ny) {
    int i, j;

    double bdvel = 1.0;

    iloop {
        u[i][0] = -u[i][1]; u[i][Ny+1] = 2.0*bdvel-u[i][Ny];}
    jloop {
        v[0][j] = -v[1][j]; v[Nx+1][j] = -v[Nx][j];}
}

void advection_uv(double **u, double **v, double **adv_u,
                  double **adv_v) {
    int i, j;

    augmenuv(u, v, Nx, Ny);

    i0jloop {
        if (u[i][j]>0.0) {
            adv_u[i][j] = u[i][j]*(u[i][j]-u[i-1][j])/h;}
        else{
            adv_u[i][j] = u[i][j]*(u[i+1][j]-u[i][j])/h;}
        if (v[i][j-1]+v[i+1][j-1]+v[i][j]+v[i+1][j]>0.0) {
            adv_u[i][j] += 0.25*(v[i][j-1]+v[i+1][j-1]
```

제 3 절 수치 실험

```
                                    +v[i][j]+v[i+1][j])
                                    *(u[i][j]-u[i][j-1])/h;}
        else{
            adv_u[i][j] += 0.25*(v[i][j-1]+v[i+1][j-1]
                                    +v[i][j]+v[i+1][j])
                                    *(u[i][j+1]-u[i][j])/h;}}

    ij0loop {
        if (u[i-1][j]+u[i][j]+u[i-1][j+1]+u[i][j+1]>0.0) {
            adv_v[i][j]= 0.25*(u[i-1][j]+u[i][j]
                                    +u[i-1][j+1]+u[i][j+1])
                                    *(v[i][j]-v[i-1][j])/h;}
        else{
            adv_v[i][j] = 0.25*(u[i-1][j]+u[i][j]
                                    +u[i-1][j+1]+u[i][j+1])
                                    *(v[i+1][j]-v[i][j])/h;}
        if (v[i][j]>0.0) {
            adv_v[i][j] += v[i][j]*(v[i][j]-v[i][j-1])/h;}
        else{
            adv_v[i][j] += v[i][j]*(v[i][j+1]-v[i][j])/h;}}
}

void temp_uv(double **tu, double **tv, double **u, double **v,
            double **adv_u,double **adv_v) {
    int i, j;

    i0jloop {
        tu[i][j] = u[i][j]+dt*((u[i+1][j]+u[i-1][j]-4.0*u[i][j]
                                    +u[i][j+1]+u[i][j-1])/(Re*h2)
                                    -adv_u[i][j]+fxx[i][j]);}
    ij0loop {
```

```
            tv[i][j] = v[i][j]+dt*((v[i+1][j]+v[i-1][j]-4.0*v[i][j]
                            +v[i][j+1]+v[i][j-1])/(Re*h2)
                            -adv_v[i][j]+fyy[i][j]);}
}

void div_uv(double **tu, double **tv, double **divuv,
            int Nxt, int Nyt) {
    int i, j;
    double ht;
    ht = (xright-xleft)/(double) Nxt;
    ijloopt {
        divuv[i][j] = (tu[i][j]-tu[i-1][j]
                        +tv[i][j]-tv[i][j-1])/ht;}
}

void source_uv(double **tu, double **tv, double **divuv,
            int Nxt,int Nyt) {
    int i, j;

    div_uv(tu, tv, divuv, Nxt, Nyt);
    ijloopt {
        divuv[i][j] /= dt;}
}

void grad_p(double **p, double **dpdx, double **dpdy,
            int Nxt,int Nyt) {
    int i, j;
    double ht= xright/Nxt;

    i0jloopt {
        if (i==0) {
```

제 3 절 수치 실험

```
                    dpdx[0][j] = 0.0;}
            else if (i==Nxt) {
                    dpdx[Nxt][j] = 0.0;}
            else {
                    dpdx[i][j] = (p[i+1][j]-p[i][j])/ht;}}
        ij0loopt {
            if (j==0) {
                    dpdy[i][0] = 0.0;}
            else if (j==Nyt) {
                    dpdy[i][Nyt] = 0.0;}
            else {
                    dpdy[i][j] = (p[i][j+1]-p[i][j])/ht;}}
}

void Laplace_p(double **p, double **lap_p, int Nxt, int Nyt) {
    double **dpdx, **dpdy;

    dpdx = dmatrix(0, Nxt, 1, Nyt);
    dpdy = dmatrix(1, Nxt, 0, Nyt);
    grad_p(p, dpdx, dpdy, Nxt, Nyt);
    div_uv(dpdx, dpdy, lap_p, Nxt, Nyt);
    free_dmatrix(dpdx, 0, Nxt, 1, Nyt);
    free_dmatrix(dpdy, 1, Nxt, 0, Nyt);
}

void residual_p(double **r, double **u, double **f,
                int Nxt, int Nyt) {
    Laplace_p(u, r, Nxt, Nyt);
    mat_sub(r, f, r, 1, Nxt, 1, Nyt);
}
```

```
void restrict2D(double **u_fine, double **u_coarse,
            int Nxt, int Nyt) {
    int i, j;
    ijloopt {
        u_coarse[i][j] = 0.25*(u_fine[2*i-1][2*j-1]
                              +u_fine[2*i-1][2*j]
                              +u_fine[2*i][2*j-1]
                              +u_fine[2*i][2*j]);}
}

void relax_p(double **p, double **f, int Nxt, int Nyt) {
    int i, j, iter;
    double ht2, coef, src;

    ht2 = pow((xright-xleft)/(double) Nxt,2);
    for (iter=1; iter<=p_relax; iter++) {
        ijloopt {
            src = f[i][j];
            if (i==1) {
                src -= p[2][j]/ht2;
                coef = -1.0/ht2;}
            else if (i==Nxt) {
                src -= p[Nxt-1][j]/ht2;
                coef = -1.0/ht2;}
            else {
                src -= (p[i+1][j]+p[i-1][j])/ht2;
                coef = -2.0/ht2;}
            if (j==1) {
                src -= p[i][2]/ht2;
                coef += -1.0/ht2;}
            else if (j==Nyt) {
```

제 3 절 수치 실험

```
                    src -= p[i][Nyt-1]/ht2;
                    coef += -1.0/ht2;}
                else {
                    src -= (p[i][j+1]+p[i][j-1])/ht2;
                    coef += -2.0/ht2;}
                p[i][j] = src/coef;}}
}

void prolong(double **u_coarse, double **u_fine,
             int Nxt, int Nyt) {
    int i, j;

    ijloopt {
        u_fine[2*i-1][2*j-1]
            = u_fine[2*i-1][2*j]
            = u_fine[2*i][2*j-1]
            = u_fine[2*i][2*j]
            = u_coarse[i][j];}
}

void vcycle_uv(double **uf, double **ff, int Nxf,
               int Nyf, int ilevel) {
    relax_p(uf, ff, Nxf, Nyf);

    if (ilevel<n_level) {
        int Nxc, Nyc;
        double **rf,**uc,**fc;

        Nxc = Nxf/2;
        Nyc = Nyf/2;
        rf = dmatrix(1, Nxf, 1, Nyf);
```

```
            uc = dmatrix(1, Nxc, 1, Nyc);
            fc = dmatrix(1, Nxc, 1, Nyc);
            residual_p(rf, uf, ff, Nxf, Nyf);
            restrict2D(rf, fc, Nxc, Nyc);
            zero_matrix(uc, 1, Nxc, 1, Nyc);
            vcycle_uv(uc, fc, Nxc, Nyc, ilevel+1);
            prolong(uc, rf, Nxc, Nyc);
            mat_add(uf, uf, rf, 1, Nxf, 1, Nyf);
            relax_p(uf, ff, Nxf, Nyf);
            free_dmatrix(rf, 1, Nxf, 1, Nyf);
            free_dmatrix(uc, 1, Nxc, 1, Nyc);
            free_dmatrix(fc, 1, Nxc, 1, Nyc);}
}

void MG_Poisson(double **p, double **f) {
    int i, j, max_iteration = 2000, it_Mg = 1;
    double tol = 1.0e-5, resid = 1.0;

    mat_copy(workv, p, 1, Nx, 1, Ny);
    while (it_Mg <= max_iteration && resid >= tol) {
        vcycle_uv(p, f, Nx, Ny, 1);
        pressure_update(p);
        ijloop {
            sor[i][j] = workv[i][j]-p[i][j];}
        resid = norm2(sor, 1, Nx, 1, Ny);
        mat_copy(workv, p, 1, Nx, 1, Ny);
        it_Mg++;}
    printf("Pressure iteration = %d   residual = %16.15f \n",
           it_Mg,resid);
}
```

제 3 절 수치 실험

```
void Poisson(double **tu, double **tv, double **p) {
    source_uv(tu, tv, workp, Nx, Ny);
    MG_Poisson(p, workp);
}

void full_step(double **u, double **v, double **nu,
               double **nv, double **p) {
    int i, j;

    advection_uv(u, v, adv_u, adv_v);
    temp_uv(tu, tv, u, v, adv_u, adv_v);
    Poisson(tu, tv, p);
    grad_p(p, worku, workv, Nx, Ny);
    i0jloop {
        nu[i][j] = tu[i][j]-dt*worku[i][j];}
    ij0loop {
        nv[i][j] = tv[i][j]-dt*workv[i][j];}
}

void advection_c(double **u, double **v, double **oc,
                 double  **adv_c) {
    int i, j;

    augmenc(oc);
    augmenuv(u, v, Nx, Ny);
    ijloop {
        if (u[i-1][j]+u[i][j]>0.0)
            adv_c[i][j] = 0.5*(u[i-1][j]+u[i][j])
                         *(oc[i][j]-oc[i-1][j])/h;
        else
            adv_c[i][j] = 0.5*(u[i-1][j]+u[i][j])
```

```
                        *(oc[i+1][j]-oc[i][j])/h;
            if (v[i][j-1]+v[i][j]>0.0)
                adv_c[i][j] += 0.5*(v[i][j-1]+v[i][j])
                              *(oc[i][j]-oc[i][j-1])/h;
            else
                adv_c[i][j] += 0.5*(v[i][j-1]+v[i][j])
                              *(oc[i][j+1]-oc[i][j])/h;}
}

void source(double **c_old, double **adv_c,
            double **src_c, double **src_mu) {
    int i, j;

    ijloop {
        src_c[i][j] = c_old[i][j]/dt-adv_c[i][j];
        src_mu[i][j] = -c_old[i][j];}
}

void restrict2D2(double **uf, double **uc, double **vf,
                 double **vc, int Nxc,int Nyc) {
    int i, j;

    for (i=1; i<=Nxc; i++)
        for (j=1; j<=Nyc; j++) {
        uc[i][j] = 0.25*(uf[2*i][2*j]+uf[2*i-1][2*j]
                  +uf[2*i][2*j-1]+uf[2*i-1][2*j-1]);
        vc[i][j] = 0.25*(vf[2*i][2*j]+vf[2*i-1][2*j]
                  +vf[2*i][2*j-1]+vf[2*i-1][2*j-1]);}
}

void prolong_ch(double **uc, double **uf, double **vc,
```

제 3 절 수치 실험   191

```
                    double **vf, int Nxc,int Nyc) {
    int i, j;

    for (i=1; i<=Nxc; i++) {
        for (j=1; j<=Nyc; j++) {
            uf[2*i][2*j]=uf[2*i-1][2*j]=uf[2*i][2*j-1]
                =uf[2*i-1][2*j-1]=uc[i][j];
            vf[2*i][2*j]=vf[2*i-1][2*j]=vf[2*i][2*j-1]
                =vf[2*i-1][2*j-1]=vc[i][j];}}
}

void laplace_ch(double **a, double **lap_a,
                int Nxt,int Nyt ) {
    int i, j;
    double ht2, dadx_L, dadx_R, dady_B, dady_T;
    ht2 = pow((xright-xleft) / (double) Nxt,2);
    ijloopt {
    if (i>1) dadx_L = a[i][j] - a[i-1][j];
    else dadx_L = 0.0;
    if (i<Nxt) dadx_R = a[i+1][j] - a[i][j];
    else dadx_R = 0.0;
    if (j>1) dady_B = a[i][j] - a[i][j-1];
    else dady_B = 0.0;
    if (j<Nyt) dady_T = a[i][j+1] - a[i][j];
    else dady_T = 0.0;
    lap_a[i][j] = (dadx_R-dadx_L+dady_T-dady_B)/ht2;}
}

double df(double c) {
    return pow(c,3);
}
```

```
double d2f(double c) {
    return 3.0*c*c;
}

void nonL(double **NSOc, double **NSOmu, double **c_new,
          double **mu_new, int Nxt, int Nyt) {
    int i, j;
    double **lap_mu, **lap_c;
    lap_mu = dmatrix(1,Nxt,1,Nyt);
    lap_c = dmatrix(1,Nxt,1,Nyt);
    laplace_ch(c_new,lap_c,Nxt,Nyt);
    laplace_ch(mu_new,lap_mu,Nxt,Nyt);
    ijloopt {
    NSOc[i][j]=c_new[i][j]/dt-lap_mu[i][j]/Pe;
    NSOmu[i][j]=mu_new[i][j]-df(c_new[i][j])+Cahn*lap_c[i][j];}
    free_dmatrix(lap_mu,1,Nxt,1,Nyt);
    free_dmatrix(lap_c,1,Nxt,1,Nyt);
}

void source_coarse(double **scc, double **smuc, double **nc,
          double **mu, double **scf, double **smuf,
          int Nxf, int Nyf, double **ncc,
          double **muc, int Nxc, int Nyc) {

    double **defc, **defmu, **NSOcc, **NSOmuc, **defcc,
           **defmuc, **NSOc, **NSOmu;

    defcc = dmatrix(1,Nxc,1,Nyc);
    defmuc = dmatrix(1,Nxc,1,Nyc);
```

제 3 절 수치 실험

```
        defc = dmatrix(1,Nxf,1,Nyf);
        defmu = dmatrix(1,Nxf,1,Nyf);
        NSOc = dmatrix(1,Nxf,1,Nyf);
        NSOmu = dmatrix(1,Nxf,1,Nyf);

        NSOcc = dmatrix(1,Nxc,1,Nyc);
        NSOmuc = dmatrix(1,Nxc,1,Nyc);

        nonL(NSOc, NSOmu, nc, mu, Nxf, Nyf);
        mat_sub2(defc,scf,NSOc,defmu,smuf,NSOmu,1,Nxf,1,Nyf);

        restrict2D2(defc, defcc, defmu, defmuc, Nxc, Nyc);

        nonL(NSOcc, NSOmuc, ncc, muc, Nxc, Nyc);
        mat_add2(scc, defcc, NSOcc, smuc, defmuc, NSOmuc,
                 1,Nxc,1,Nyc);

        free_dmatrix(defcc,1,Nxc,1,Nyc);
        free_dmatrix(defmuc,1,Nxc,1,Nyc);
        free_dmatrix(defc,1,Nxf,1,Nyf);
        free_dmatrix(defmu,1,Nxf,1,Nyf);
        free_dmatrix(NSOcc,1,Nxc,1,Nyc);
        free_dmatrix(NSOmuc,1,Nxc,1,Nyc);
}

double error(double **c_old, double **c_new, int Nxt, int Nyt) {
    double **r, res;
    r = dmatrix(1,Nxt,1,Nyt); mat_sub(r,c_new,c_old,1,Nxt,1,Nyt);
    res = norm2(r,1,Nxt,1,Nyt); free_dmatrix(r,1,Nxt,1,Nyt);
    return res;
}
```

```c
void relax(double **c_new, double **mu_new, double **su,
           double **sw, int ilevel,int Nxt,int Nyt) {
    int i, j, iter;
    double ht2, a[4], f[2], det;
    ht2 = pow(xright/(double) Nxt,2);
    for (iter=1; iter<=c_relax; iter++) {
        ijloopt {
        a[0]=1.0/dt; a[1]=0.0;
        a[2] = -d2f(c_new[i][j]); a[3]=1.0; f[0]=su[i][j];
        if (i>1) {
            f[0]+=mu_new[i-1][j]/(Pe*ht2);a[1]+=1.0/(Pe*ht2);}
        if (i<Nxt) {
            f[0]+=mu_new[i+1][j]/(Pe*ht2);a[1]+=1.0/(Pe*ht2);}
        if (j>1) {
            f[0]+=mu_new[i][j-1]/(Pe*ht2);a[1]+=1.0/(Pe*ht2);}
        if (j<Nyt) {
            f[0]+=mu_new[i][j+1]/(Pe*ht2);a[1]+=1.0/(Pe*ht2);}
        f[1]=sw[i][j]+df(c_new[i][j])-d2f(c_new[i][j])
              *c_new[i][j];
        if (i>1) {
            f[1]-=Cahn*c_new[i-1][j]/ht2;a[2]-=Cahn/ht2;}
        if (i<Nxt) {
            f[1]-=Cahn*c_new[i+1][j]/ht2;a[2]-=Cahn/ht2;}
        if (j>1) {
            f[1]-=Cahn*c_new[i][j-1]/ht2;a[2]-=Cahn/ht2;}
        if (j<Nyt) {
            f[1]-=Cahn*c_new[i][j+1]/ht2;a[2]-=Cahn/ht2;}
        det = a[0]*a[3] - a[1]*a[2];
        c_new[i][j]=(a[3]*f[0]-a[1]*f[1])/det;
        mu_new[i][j]=(-a[2]*f[0]+a[0]*f[1])/det;}}
```

제 3 절 수치 실험

```
}

void vcycle(double **uf_new, double **wf_new, double **su,
            double **sw, int Nxf, int Nyf, int ilevel) {
    relax(uf_new,wf_new,su,sw,ilevel,Nxf,Nyf);
    if (ilevel < n_level) {
        int Nxc, Nyc;
        double **duc, **dwc, **uc_new, **wc_new, **uc_def,
        **wc_def, **uf_def, **wf_def;
        Nxc = Nxf / 2; Nyc = Nyf / 2;
        duc = dmatrix(1,Nxc,1,Nyc);
        dwc = dmatrix(1,Nxc,1,Nyc);
        uc_new = dmatrix(1,Nxc,1,Nyc);
        wc_new = dmatrix(1,Nxc,1,Nyc);
        uf_def = dmatrix(1,Nxf,1,Nyf);
        wf_def = dmatrix(1,Nxf,1,Nyf);
        uc_def = dmatrix(1,Nxc,1,Nyc);
        wc_def = dmatrix(1,Nxc,1,Nyc);
        restrict2D2(uf_new,uc_new,wf_new,wc_new,Nxc,Nyc);
        source_coarse(duc,dwc,uf_new,wf_new,su,sw,Nxf,Nyf,
                uc_new,wc_new,Nxc,Nyc);
        mat_copy2(uc_def,uc_new,wc_def,wc_new,1,Nxc,1,Nyc);
        vcycle(uc_def,wc_def,duc,dwc,Nxc,Nyc,ilevel + 1);
        mat_sub2(uc_def,uc_def,uc_new,wc_def,wc_def,
                wc_new,1,Nxc,1,Nyc);
        prolong_ch(uc_def,uf_def,wc_def,wf_def,Nxc,Nyc);
        mat_add2(uf_new,uf_new,uf_def,wf_new,wf_new,
                wf_def,1,Nxf,1,Nyf);
        relax(uf_new,wf_new,su,sw,ilevel,Nxf,Nyf);
        free_dmatrix(duc,1,Nxc,1,Nyc);
        free_dmatrix(dwc,1,Nxc,1,Nyc);
```

```
            free_dmatrix(uc_new,1,Nxc,1,Nyc);
            free_dmatrix(wc_new,1,Nxc,1,Nyc);
            free_dmatrix(uf_def,1,Nxf,1,Nyf);
            free_dmatrix(wf_def,1,Nxf,1,Nyf);
            free_dmatrix(uc_def,1,Nxc,1,Nyc);
            free_dmatrix(wc_def,1,Nxc,1,Nyc);}
}

void cahn(double **c_old, double **adv_c, double **c_new) {
    int   max_it_CH = 50, it_Mg = 1;
    double tol = 1.0e-7,resid = 1.0;
    mat_copy(ct,c_old,1,Nx,1,Ny); source(c_old,adv_c,sc,smu);
    while (it_Mg <= max_it_CH && resid > tol) {
        vcycle(c_new,mu,sc,smu,Nx ,Ny,1);
        resid = error(ct,c_new,Nx,Ny);
        mat_copy(ct,c_new,1,Nx,1,Ny); it_Mg++;}
    printf("error %12.10f  %d  \n",resid,it_Mg-1);
}

void print_data1(double **u, double **v, double **p) {
    int i, j;
    FILE *fu,*fv,*fp;
    fu = fopen(bufferu,"a"); fv = fopen(bufferv,"a");
    fp = fopen(bufferp,"a");
    iloop {
        jloop {
            fprintf(fu,"  %16.14f",0.5*(u[i][j]+u[i-1][j]));
            fprintf(fv,"  %16.14f",0.5*(v[i][j]+v[i][j-1]));
            fprintf(fp,"  %16.14f",p[i][j]);}
        fprintf(fu,"\n");fprintf(fv,"\n");fprintf(fp,"\n");}
    fclose(fu); fclose(fv); fclose(fp);
```

제 3 절 수치 실험 197

```
}

void print_data2(double **oc) {
    int i, j;
    FILE *fxy;
    fxy = fopen(bufferposi,"a");
    iloop {
        jloop {
            fprintf(fxy,"  %16.14f",oc[i][j]);}
        fprintf(fxy,"\n");}
    fclose(fxy);
}

double max_vector(double *v, int ni, int max_iteration) {
    int i;
    double m = v[max_iteration];
    for (i=ni; i<max_iteration; i++) {if (m < v[i]) m = v[i];}
    return m;
}

double max_uv(double **u, double **v, int Nx, int Ny) {
    int i, j;
    double m = 0.0;
    ijloop
        if (sqrt(pow(0.5*(u[i][j]+u[i-1][j]),2)
                +pow(0.5*(v[i][j]+v[i][j-1]),2))>m) {
            m=sqrt(pow(0.5*(u[i][j]+u[i-1][j]),2)
                +pow(0.5*(v[i][j]+v[i][j-1]),2));}
    return m;
}
```

```c
int main() {
    extern char bufferu[20], bufferv[20], bufferp[20],
    bufferposi[20], bufferfmuv[20];
    int it, max_iteration, ns, count=1;
    double **u, **v, **nu, **nv, **p, **oc,
    **nc,maxuv,elapsed; clock_t start, end;
    FILE *fu,*fv,*fp,*fxy,*fmuv;
    start = clock(); pi = 4.0*atan(1.0);
    p_relax = 5; c_relax=4;
    Nx=GNx; Ny=GNy;
    n_level=(int)(log(Nx)/log(2.0)+0.1)-1;
    xleft=0.0, xright= 1.0;
    yleft=0.0, yright= 1.0;
    h = (xright-xleft)/ (double)Nx;
    h2 = pow(h,2);
    max_iteration = 1800; ns = 1;
    ra = 0.15; Re = 50.0; We = 10.0;
    dt = 0.1*Re*h2;
    gam = 4.0*h/(2*sqrt(2.0)*atanh(0.9));
    Cahn = pow(gam,2);
    Pe = 0.1/gam;
    printf("Nx    = %d ,Ny = %d\n",Nx,Ny);
    printf("dt        = %f\n",dt);
    printf("max_iteration   = %d\n",max_iteration);
    printf("xright         = %f   xright       = %f\n",
            xright,yright);
    printf("Re       = %f\n",Re);
    printf("We       = %f\n",We);
    printf("velocity      = %f\n",ra);
    printf("n_level           = %d\n\n",n_level);
    fxx = dmatrix(0,Nx,1,Ny); fyy = dmatrix(1,Nx,0,Ny);
```

제 3 절 수치 실험

```
ux = dmatrix(0,Nx+1,0,Ny+1); uy = dmatrix(0,Nx+1,0,Ny+1);
workp = dmatrix(0,Nx+1,0,Ny+1);
worku = dmatrix(0,Nx+1,0,Ny+1);
workv = dmatrix(0,Nx+1,0,Ny+1);
u = dmatrix(-1,Nx+1,0,Ny+1); v = dmatrix(0,Nx+1,-1,Ny+1);
tu = dmatrix(0,Nx,1,Ny); tv = dmatrix(1,Nx,0,Ny);
p = dmatrix(0,Nx,0,Ny); nu = dmatrix(-1,Nx+1,0,Ny+1);
nv = dmatrix(0,Nx+1,-1,Ny+1); adv_u = dmatrix(0,Nx,1,Ny);
adv_v = dmatrix(1,Nx,0,Ny); zero_matrix(fxx,0,Nx,1,Ny);
zero_matrix(fyy,1,Nx,0,Ny); adv_c = dmatrix(1,Nx,1,Ny);
sor = dmatrix(1,Nx,1,Ny); sprintf(bufferu,"u.m");
sprintf(bufferv,"v.m");sprintf(bufferp,"p.m");
sprintf(bufferposi,"phi.m"); sprintf(bufferfmuv,"maxuv.m");
fu = fopen(bufferu,"w");fv = fopen(bufferv,"w");
fp = fopen(bufferp,"w");fxy = fopen(bufferposi,"w");
fmuv = fopen(bufferfmuv,"w");
fclose(fu);fclose(fv);fclose(fp);fclose(fxy);fclose(fmuv);
oc = dmatrix(0,Nx+1,0,Ny+1); nc = dmatrix(0,Nx+1,0,Ny+1);
mu = dmatrix(1,Nx,1,Ny); ct = dmatrix(1,Nx,1,Ny);
sc = dmatrix(1,Nx,1,Ny); smu = dmatrix(1,Nx,1,Ny);
initialization(p,u,v,oc);
print_data2(oc); print_data1(u,v,p);
mat_copy(nu,u,0,Nx,1,Ny); mat_copy(nv,v,1,Nx,0,Ny);
for (it=1; it<=max_iteration; it++) {
    phase_field_force(oc,fxx,fyy);
    full_step(u,v,nu,nv,p); mat_copy(u,nu,0,Nx,1,Ny);
    mat_copy(v,nv,1,Nx,0,Ny); advection_c(u,v,oc,adv_c);
    cahn(oc,adv_c,nc);mat_copy(oc,nc,1,Nx,1,Ny);
    fmuv = fopen(bufferfmuv,"a");maxuv=max_uv(nu,nv,Nx,Ny);
    printf("max_uv is %f \n",maxuv);
    printf("iteration %d \n",it);
```

```
            fprintf(fmuv,"  %16.14f",maxuv);
            fprintf(fmuv,"\n");fclose(fmuv);
            if (it % ns==0) {
                print_data1(nu,nv,p);print_data2(oc);
                printf("print out counts %d \n",count);count++; }}
    end=clock();elapsed=((double) (end-start))/CLOCKS_PER_SEC;
    printf("Time elapsed %f\n",elapsed);
    return 0;
}
```

[7.4 그림]은 다음 코드의 결과로부터 얻을 수 있습니다.

```
clear all; clc;
ss=sprintf('phi.m');
CC=load(ss);
ss=sprintf('u.m');
uu=load(ss);
ss=sprintf('v.m');
vv=load(ss);
nx=64; ny=nx;
yright=1; xright=1;
nt=200;
x=linspace(0,xright,nx); y=linspace(0,yright,ny);
[xx,yy]=meshgrid(x,y);
N=size(uu,1)/nx; s=0.05;
for kk=[1 801 1801]
    figure(1); clf;
    phi=CC(1+(kk-1)*nx:kk*nx,:);
    contour(xx,yy,phi',[0 0],'k','linewidth',1.5)
    u=uu(1+(kk-1)*nx:kk*nx,:);
    v=vv(1+(kk-1)*nx:kk*nx,:);
```

제 3 절 수치 실험

```
    hold on
    quiver(xx,yy,s*u',s*v',0,'k')
    axis image
    axis([0 1 0 1])
    xticks([]); yticks([]);
end
```

8장

3차원 나비어–스톡스–칸–힐리아드 방정식(Navier–Stokes–Cahn–Hilliard equation)

본 장에서는 두 개의 비압축성 비혼합성 유체의 혼합물에 대한 3차원 나비어–스톡스–칸–힐리아드 방정식의 수치해법을 다룹니다.

제 1 절 지배 방정식

3차원 비압축성 2상 유체 유동에 대한 지배방정식은 다음의 나비어–스톡스–칸–힐리아드 방정식으로 모델링 될 수 있습니다:

$$\frac{\partial \mathbf{u}(x,y,z,t)}{\partial t} + \mathbf{u}(x,y,z,t) \cdot \nabla \mathbf{u}(x,y,z,t) = -\nabla p(x,y,z,t) \tag{8.1}$$
$$+ \frac{1}{Re}\Delta \mathbf{u}(x,y,z,t) - \frac{\alpha\epsilon}{We}\nabla \cdot \left(\frac{\nabla\phi(x,y,z,t)}{|\nabla\phi(x,y,z,t)|}\right)|\nabla\phi(x,y,z,t)|\nabla\phi(x,y,z,t),$$
$$\nabla \cdot \mathbf{u}(x,y,z,t) = 0, \tag{8.2}$$
$$\frac{\partial \phi(x,y,z,t)}{\partial t} + \nabla \cdot [\phi(x,y,z,t)\mathbf{u}(x,y,z,t)] = \frac{1}{Pe}\Delta\mu(x,y,z,t), \tag{8.3}$$
$$\mu(x,y,z,t) = F'(\phi(x,y,z,t)) - \epsilon^2\Delta\phi. \tag{8.4}$$

여기서 $\Omega \subset \mathbb{R}^3$는 열린 유계 영역이며 $(x,y,z,t) \in \Omega \times (0,\infty)$입니다.

제 2 절   수치해법

나비어–스톡스–칸–힐리아드 방정식에 대한 대부분의 수치해법 알고리즘은 이류를 제외하고 1상 나비어–스톡스 방정식과 2상 칸–힐리아드 방정식과 동일하기에, 본 장에서는 추가적인 부분만을 설명합니다. 직교 좌표계에서 격자 크기가 h인 균일 격자를 계산을 수행할 영역으로 설정합니다. 수치해법을 제안하기 위해, 이산화된 단위 영역 $\Omega_h = (a, b) \times (c, d) \times (e, f)$를 고려합니다. Ω_h의 각 격자의 중앙인 Ω_{ijk}는 $i = 1, \cdots, N_x$, $j = 1, \cdots, N_y$, $k = 1, \cdots, N_z$에 대하여 $(x_i, y_j, z_k) = (a + (i - 0.5)h, c + (j - 0.5)h, e + (k - 0.5)h)$에 위치해 있습니다. 여기서 N_x, N_y, N_z는 각각 x-, y-, z-방향에 있는 노드의 개수입니다. 격자의 꼭짓점은 $(x_{i+\frac{1}{2}}, y_{j+\frac{1}{2}}, z_{k+\frac{1}{2}}) = (a + ih, c + jh, e + kh)$에 위치해 있습니다.

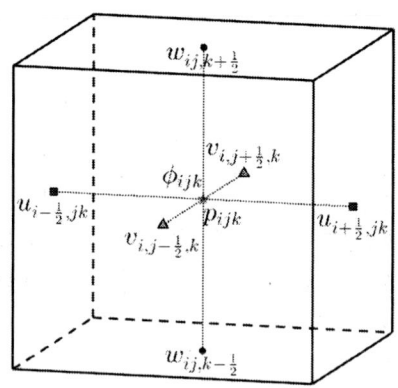

그림 8.1: 속도는 격자 경계에, 압력장과 상태장은 격자 중앙에 정의.

각 시점마다 주어진 $\mathbf{u}^n$와 ϕ^n에 대하여, 다음의 (8.5)–(8.8) 식을 풀어서 $\mathbf{u}^{n+1}$, p^{n+1}과 ϕ^{n+1}를 구합니다.

$$\frac{\mathbf{u}^{n+1} - \mathbf{u}^n}{\Delta t} = -(\mathbf{u} \cdot \nabla_d \mathbf{u})^n - \nabla_d p^{n+1} + \frac{1}{Re} \Delta_d \mathbf{u}^n + \mathbf{SF}^n, \tag{8.5}$$

$$\nabla_d \cdot \mathbf{u}^{n+1} = 0, \tag{8.6}$$

$$\frac{\phi_{ijk}^{n+1} - \phi_{ijk}^n}{\Delta t} = -\nabla \cdot (\phi \mathbf{u})_{ijk}^n + \frac{1}{Pe} \Delta_d \mu_{ijk}^{n+1}, \tag{8.7}$$

$$\mu_{ijk}^{n+1} = (\phi_{ijk}^{n+1})^3 - \phi_{ijk}^n - \epsilon^2 \Delta_d \phi_{ijk}^{n+1}. \tag{8.8}$$

각 시간에 대한 주요 절차의 개요는 다음과 같습니다:

제 2 절 수치해법

1 단계. $\mathbf{u}^0$가 발산하지 않는 속도장이 되도록 초기화시킵니다.

2 단계. 일반적으로 비압축성 특징을 가지지 않고 압력 항을 가지지 않는 임시 속도장 $\tilde{\mathbf{u}}$를 정의합니다.

$$\frac{\tilde{\mathbf{u}} - \mathbf{u}^n}{\Delta t} = -\mathbf{u}^n \cdot \nabla_d \mathbf{u}^n + \frac{1}{Re}\Delta_d \mathbf{u}^n + \mathbf{SF}^n. \tag{8.9}$$

다음으로, ϕ^n을 이용하여 이산 3차원 표면장력을 구합니다. 편의상 위첨자 n은 생략합니다.

$$\mathbf{SF} = -\frac{\alpha\epsilon}{We}\nabla \cdot \left(\frac{\nabla\phi}{|\nabla\phi|}\right)|\nabla\phi|\nabla\phi.$$

정점 중심 이상 유체 경계에 대한 법선 벡터는 8개의 주변 격자에서 상태 장을 미분하여 얻습니다. 예를 들어, 격자 Ω_{ijk}의 꼭짓점에서 법선 벡터는 다음과 같이 계산됩니다.

$$\begin{aligned}
\mathbf{m}_{i+\frac{1}{2},j+\frac{1}{2},k+\frac{1}{2}} &= (m^x_{i+\frac{1}{2},j+\frac{1}{2},k+\frac{1}{2}}, m^y_{i+\frac{1}{2},j+\frac{1}{2},k+\frac{1}{2}}, m^z_{i+\frac{1}{2},j+\frac{1}{2},k+\frac{1}{2}}) \\
&= \frac{1}{4h}(\phi_{i+1,jk} + \phi_{i+1,j+1,k} + \phi_{i+1,j,k+1} + \phi_{i+1,j+1,k+1} - \phi_{ijk} - \phi_{i,j+1,k} - \phi_{ij,k+1} \\
&\quad - \phi_{i,j+1,k+1},\ \phi_{i,j+1,k} + \phi_{i+1,j+1,k} + \phi_{i,j+1,k+1} + \phi_{i+1,j+1,k+1} - \phi_{ijk} - \phi_{i+1,jk} \\
&\quad - \phi_{ij,k+1} - \phi_{i+1,j,k+1},\ \phi_{ij,k+1} + \phi_{i+1,j,k+1} + \phi_{i,j+1,k+1} + \phi_{i+1,j+1,k+1} - \phi_{ijk} \\
&\quad - \phi_{i+1,jk} - \phi_{ij+1,k} - \phi_{i+1,j+1,k}).
\end{aligned}$$

곡률은 정규화된 법선의 발산으로 다음과 같이 계산됩니다.

$$\begin{aligned}
\nabla_d \cdot \left(\frac{\mathbf{m}}{|\mathbf{m}|}\right)_{ijk} = \frac{1}{4h}\Bigg(&\frac{m^x_{i+\frac{1}{2},j+\frac{1}{2},k+\frac{1}{2}} + m^y_{i+\frac{1}{2},j+\frac{1}{2},k+\frac{1}{2}} + m^z_{i+\frac{1}{2},j+\frac{1}{2},k+\frac{1}{2}}}{|\mathbf{m}_{i+\frac{1}{2},j+\frac{1}{2},k+\frac{1}{2}}|} \\
&+ \frac{m^x_{i+\frac{1}{2},j+\frac{1}{2},k-\frac{1}{2}} + m^y_{i+\frac{1}{2},j+\frac{1}{2},k-\frac{1}{2}} - m^z_{i+\frac{1}{2},j+\frac{1}{2},k-\frac{1}{2}}}{|\mathbf{m}_{i+\frac{1}{2},j+\frac{1}{2},k-\frac{1}{2}}|} \\
&+ \frac{m^x_{i+\frac{1}{2},j-\frac{1}{2},k+\frac{1}{2}} - m^y_{i+\frac{1}{2},j-\frac{1}{2},k+\frac{1}{2}} + m^z_{i+\frac{1}{2},j-\frac{1}{2},k+\frac{1}{2}}}{|\mathbf{m}_{i+\frac{1}{2},j-\frac{1}{2},k+\frac{1}{2}}|} \\
&+ \frac{m^x_{i+\frac{1}{2},j-\frac{1}{2},k-\frac{1}{2}} - m^y_{i+\frac{1}{2},j-\frac{1}{2},k-\frac{1}{2}} - m^z_{i+\frac{1}{2},j-\frac{1}{2},k-\frac{1}{2}}}{|\mathbf{m}_{i+\frac{1}{2},j-\frac{1}{2},k-\frac{1}{2}}|}
\end{aligned}$$

3 차원 나비어–스톡스–칸–힐리아드 방정식
(NAVIER–STOKES–CAHN–HILLIARD EQUATION)

$$-\frac{m^x_{i-\frac{1}{2},j+\frac{1}{2},k+\frac{1}{2}} - m^y_{i-\frac{1}{2},j+\frac{1}{2},k+\frac{1}{2}} - m^z_{i-\frac{1}{2},j+\frac{1}{2},k+\frac{1}{2}}}{|\mathbf{m}_{i-\frac{1}{2},j+\frac{1}{2},k+\frac{1}{2}}|}$$

$$-\frac{m^x_{i-\frac{1}{2},j+\frac{1}{2},k-\frac{1}{2}} - m^y_{i-\frac{1}{2},j+\frac{1}{2},k-\frac{1}{2}} + m^z_{i-\frac{1}{2},j+\frac{1}{2},k-\frac{1}{2}}}{|\mathbf{m}_{i-\frac{1}{2},j+\frac{1}{2},k-\frac{1}{2}}|}$$

$$-\frac{m^x_{i-\frac{1}{2},j-\frac{1}{2},k+\frac{1}{2}} + m^y_{i-\frac{1}{2},j-\frac{1}{2},k+\frac{1}{2}} - m^z_{i-\frac{1}{2},j-\frac{1}{2},k+\frac{1}{2}}}{|\mathbf{m}_{i-\frac{1}{2},j-\frac{1}{2},k+\frac{1}{2}}|}$$

$$-\frac{m^x_{i-\frac{1}{2},j-\frac{1}{2},k-\frac{1}{2}} + m^y_{i-\frac{1}{2},j-\frac{1}{2},k-\frac{1}{2}} + m^z_{i-\frac{1}{2},j-\frac{1}{2},k-\frac{1}{2}}}{|\mathbf{m}_{i-\frac{1}{2},j-\frac{1}{2},k-\frac{1}{2}}|}\Bigg)$$

위 식에서 $\nabla_d \cdot$ 는 발산 연산자의 유한 차분 근삿값입니다. 격자 중앙 법선은 각 꼭짓점의 법선의 평균으로 계산됩니다.

$$\nabla_d \phi_{ijk} = \Big(\mathbf{m}_{i+\frac{1}{2},j+\frac{1}{2},k+\frac{1}{2}} + \mathbf{m}_{i+\frac{1}{2},j+\frac{1}{2},k-\frac{1}{2}} + \mathbf{m}_{i+\frac{1}{2},j-\frac{1}{2},k+\frac{1}{2}} + \mathbf{m}_{i+\frac{1}{2},j-\frac{1}{2},k-\frac{1}{2}}$$
$$+\mathbf{m}_{i-\frac{1}{2},j+\frac{1}{2},k+\frac{1}{2}} + \mathbf{m}_{i-\frac{1}{2},j+\frac{1}{2},k-\frac{1}{2}} + \mathbf{m}_{i-\frac{1}{2},j-\frac{1}{2},k+\frac{1}{2}} + \mathbf{m}_{i-\frac{1}{2},j-\frac{1}{2},k-\frac{1}{2}}\Big)/8.$$

위 식에서 ∇_d는 그래디언트 연산자의 유한 차분 근삿값입니다. 따라서, 3차원 표면장력의 이산화 **SF**는 다음과 같습니다.

$$\mathbf{SF}_{ijk} = -\frac{\alpha\epsilon}{We}\nabla_d \cdot \left(\frac{\mathbf{m}}{|\mathbf{m}|}\right)_{ijk}|\nabla_d \phi_{ijk}|\nabla_d \phi_{ijk}.$$

(8.9) 식은 결론적으로 명시적 유한 차분 방정식으로 쓰이게 됩니다. 그 식은 다음과 같은 형태를 가집니다.

$$\tilde{u}_{i+\frac{1}{2},jk} = u^n_{i+\frac{1}{2},jk} - \Delta t(uu_x + vu_y + wu_z)^n_{i+\frac{1}{2},jk} + \frac{\Delta t}{h^2 Re}\Big(u^n_{i+\frac{3}{2},jk} + u^n_{i-\frac{1}{2},jk}$$
$$+u^n_{i+\frac{1}{2},j+1,k} + u^n_{i+\frac{1}{2},j-1,k} + u^n_{i+\frac{1}{2},j,k+1} + u^n_{i+\frac{1}{2},j,k-1} - 6u^n_{i+\frac{1}{2},jk}\Big) + SF^n_{i+\frac{1}{2},jk},$$

$$\tilde{v}_{i,j+\frac{1}{2},k} = v^n_{i,j+\frac{1}{2},k} - \Delta t(uv_x + vv_y + wv_z)^n_{i,j+\frac{1}{2},k} + \frac{\Delta t}{h^2 Re}\Big(v^n_{i,j+\frac{3}{2},k} + v^n_{i,j-\frac{1}{2},k}$$
$$+v^n_{i+1,j+\frac{1}{2},k} + v^n_{i-1,j+\frac{1}{2},k} + v^n_{i,j+\frac{1}{2},k+1} + v^n_{i,j+\frac{1}{2},k-1} - 6v^n_{i,j+\frac{1}{2},k}\Big) + SF^n_{i,j+\frac{1}{2},k},$$

$$\tilde{w}_{ij,k+\frac{1}{2}} = w^n_{ij,k+\frac{1}{2}} - \Delta t(uw_x + vw_y + ww_z)^n_{ij,k+\frac{1}{2}} + \frac{\Delta t}{h^2 Re}\Big(w^n_{ij,k+\frac{3}{2}} + w^n_{ij,k-\frac{1}{2}}$$
$$+w^n_{i+1,j,k+\frac{1}{2}} + w^n_{i-1,j,k+\frac{1}{2}} + w^n_{i,j+1,k+\frac{1}{2}} + w^n_{i,j-1,k+\frac{1}{2}} - 6w^n_{ij,k+\frac{1}{2}}\Big) + SF^n_{ij,k+\frac{1}{2}}.$$

제 2 절 수치해법

위 식에서 격자 경계에서의 표면장력은 다음과 같이 정의됩니다.

$$SF^n_{i+\frac{1}{2},jk} = \frac{1}{2}(\mathbf{SF}^n_{ijk} + \mathbf{SF}^n_{i+1,jk}), \tag{8.10}$$

$$SF^n_{i,j+\frac{1}{2},k} = \frac{1}{2}(\mathbf{SF}^n_{ijk} + \mathbf{SF}^n_{i,j+1,k}), \tag{8.11}$$

$$SF^n_{ij,k+\frac{1}{2}} = \frac{1}{2}(\mathbf{SF}^n_{ijk} + \mathbf{SF}^n_{ij,k+1}). \tag{8.12}$$

다음으로, $(n+1)$ 시점에서의 압력장에 대한 다음 식들을 풉니다.

$$\frac{\mathbf{u}^{n+1} - \tilde{\mathbf{u}}}{\Delta t} = -\nabla_d p^{n+1}, \tag{8.13}$$

$$\nabla_d \cdot \mathbf{u}^{n+1} = 0. \tag{8.14}$$

(8.13) 식의 양변에 발산 연산자를 적용하고 (8.14) 식을 사용하여 $(n+1)$ 시점에서 압력에 대한 푸아송 식을 다음과 같이 구할 수 있습니다.

$$\Delta_d p^{n+1} = \frac{1}{\Delta t} \nabla_d \cdot \tilde{\mathbf{u}}. \tag{8.15}$$

압력에 대한 경계조건은 다음과 같습니다.

$$\mathbf{n} \cdot \nabla_d p^{n+1} = \mathbf{n} \cdot \left(-\frac{\mathbf{u}^{n+1} - \mathbf{u}^n}{\Delta t} - (\mathbf{u} \cdot \nabla_d \mathbf{u})^n + \frac{1}{Re}\Delta_d \mathbf{u}^n + \mathbf{SF}^n \right).$$

여기서 $\mathbf{n}$는 계산영역 경계에서의 단위 법선 벡터입니다. 따라서,

$$\mathbf{n} \cdot \nabla_d p^{n+1} = 0.$$

(8.15) 식으로부터 도출된 이산 시스템은 멀티그리드 방법 [38]에서 가우스-세이델 방법을 사용한 V-사이클 알고리즘을 사용하여 풀 수 있습니다. 따라서 무발산 속도 u^{n+1}, v^{n+1}과 w^{n+1}는 다음과 같이 정의됩니다.

$$\mathbf{u}^{n+1} = \tilde{\mathbf{u}} - \Delta t \nabla_d p^{n+1}.$$

제 8 장 **3 차원 나비어–스톡스–칸–힐리아드 방정식**
(NAVIER–STOKES–CAHN–HILLIARD EQUATION)

상태장 방정식의 대류 부분에 대하여 일반적인 이산화를 사용합니다.

$$[(u\phi)_x + (v\phi)_y + (w\phi)_z]_{ij}^n = \frac{u_{i+\frac{1}{2},jk}^n(\phi_{i+1,jk}^n + \phi_{ijk}^n) - u_{i-\frac{1}{2},jk}^n(\phi_{ijk}^n + \phi_{i-1,jk}^n)}{2h}$$
$$+ \frac{v_{i,j+\frac{1}{2},k}^n(\phi_{i,j+1,k}^n + \phi_{ijk}^n) - v_{i,j-\frac{1}{2},k}^n(\phi_{ijk}^n + \phi_{i,j-1,k}^n)}{2h}$$
$$+ \frac{w_{ij,k+\frac{1}{2}}^n(\phi_{ij,k+1}^n + \phi_{ijk}^n) - w_{ij,k-\frac{1}{2}}^n(\phi_{ijk}^n + \phi_{ij,k-1}^n)}{2h}.$$

(8.7) 식과 (8.8) 식을 다음과 같이 쓸 수 있습니다.

$$NSO(\phi^{n+1}, \mu^{n+1}) = (\xi^n, \psi^n). \tag{8.16}$$

여기서 비선형 연산자 NSO는 다음과 같이 정의되고,

$$NSO(\phi^{n+1}, \mu^{n+1}) = \left(\frac{\phi^{n+1}}{\Delta t} - \frac{1}{Pe}\Delta_d \mu^{n+1},\ \mu^{n+1} - (\phi^{n+1})^3 + \epsilon^2 \Delta_d \phi^{n+1} \right),$$

소스 항은

$$(\xi^n, \psi^n) = \left(\frac{\phi^n}{\Delta t} - [(u\phi)_x + (v\phi)_y + (w\phi)_z]^n,\ -\phi^n \right)$$

과 같이 표현됩니다. 3차원 나비어–스톡스–칸–힐리아드 방정식의 한 시점에서의 계산이 완성됩니다.

제 3 절 수치 실험

3.1 압력 차이

중력 또는 기타 외부 힘이 없는 경우 표면장력으로 인해 정적 액체 방울은 구형이 됩니다. 영–라플라스(Young–Laplace) 방정식에 따르면, 방울의 내부와 외부의 압력 차이는 $[p] = 2\sigma/R$이고, R은 방울의 반지름, σ는 표면장력 계수입니다 [5]. 이산 압력 차이 $[p]_{num}$는 다음과 같이 계산됩니다.

$$[p]_{num} = \max_{\mathbf{x}_{ijk} \in \Omega_h} p_{ijk} - \min_{\mathbf{x}_{ijk} \in \Omega_h} p_{ijk}. \tag{8.17}$$

제 3 절   수치 실험

여기서 p_{ijk}는 계산을 수행하는 영역 Ω_h에서의 압력입니다. 수치 시뮬레이션을 위하여, 방울이 단위 큐브 영역 $\Omega = (-0.5, 0.5) \times (-0.5, 0.5) \times (-0.5, 0.5)$의 중앙에 위치해 있으며 반지름이 $R = 0.2$라고 설정합니다. $\sigma = 0.05$, 일정 밀도 $\rho = 1$, 그리고 점성 $\eta = 1$을 사용합니다. 따라서, 압력 차이는 $[p] = 0.5$입니다. 압력 차이는 $h = 1/32, 1/64, 1/128$를 사용하여 계산됩니다. 초기조건은 다음과 같습니다.

$$u(x, y, z, 0) = v(x, y, z, 0) = w(x, y, z, 0) = 0, \quad (8.18)$$

$$\phi(x, y, z, 0) = \tanh \frac{R - \sqrt{x^2 + y^2 + z^2}}{\sqrt{2}\epsilon}. \quad (8.19)$$

위 식에서 $\epsilon = 0.03$를 사용하였습니다. ⟨8.1 표⟩는 여러 격자에 대한 수치적 압력 차이 $[p]_{num}$를 나타냅니다. 수치적 압력 차이 $[p]_{num}$는 격자가 촘촘할수록 이론적인 값에 도달함을 확인할 수 있습니다.

표 8.1: 서로 다른 격자에 대하여 $\sigma = 0.05$와 $R = 0.2$ 를 사용한 수치적 압력 차이 $[p]_{num}$.

Mesh	$32 \times 32 \times 32$	$64 \times 64 \times 64$	$128 \times 128 \times 128$
$[p]_{num}$	0.4380	0.4859	0.5003

3.2   3차원 방울의 덮개-구동 캐비티 유동

정육면체 영역 $\Omega = (0, 1) \times (0, 1) \times (0, 1)$에서 덮개-구동 캐비티 조건에서 작은 3차원 유체 방울의 거동을 다루어 보자. [8.2 그림]에는 계산을 수행하는 영역과 경계조건이 나타나 있습니다. 해당 영역에서 초기 속도는 0입니다. 상단부 덮개의 속도는 $(u, v, w) = (1, 0, 0)$이고 나머지 경계에서의 경계조건은 $(u, v, w) = (0, 0, 0)$입니다. 따라서, 캐비티 내부의 유동은 상단 덮개에 의하여 움직이게 됩니다 [14].

사용한 변수값들은 $N_x = N_y = N_z = 32$, $h = 1/32$, $Re = 10$, 경계 속도는 $(u, v, w) = (1, 0, 0)$이고, 방울의 반지름은 $R = 0.15$, $\epsilon = \epsilon_4$, $Pe = 200$, 그리고

제 8 장 3차원 나비어–스톡스–칸–힐리아드 방정식 (NAVIER–STOKES–CAHN–HILLIARD EQUATION)

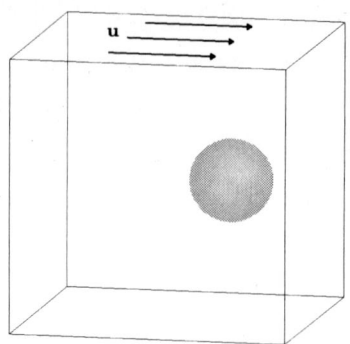

그림 8.2: 방울의 덮개-구동 캐비티 유동에 대한 도식도.

$\Delta t = 0.1 h^2 Re$입니다. [8.3 그림]과 [8.4 그림]은 각각 $We = 20$, $We = 10$에 대한 시뮬레이션 결과를 보여주고 있습니다.

3.3 C 코드와 후처리 MATLAB 코드

다음은 [8.3 그림]의 3차원 덮개-구동 캐비티 유동에 대한 C 코드이고, 매개변수들의 정의는 ⟨8.2 표⟩에 자세히 기술되어 있습니다.

```
#include <stdio.h>
#include <stdlib.h>
#include <math.h>
#include <time.h>
#define GNx 32
#define GNy GNx
#define GNz GNx
#define iloop for (i=1; i<=GNx; i++)
#define i0loop for (i=0; i<=GNx; i++)
#define jloop for (j=1; j<=GNy; j++)
#define j0loop for (j=0; j<=GNy; j++)
#define kloop for (k=1; k<=GNz; k++)
#define k0loop for (k=0; k<=GNz; k++)
#define ijloop iloop jloop
```

제 3 절 수치 실험

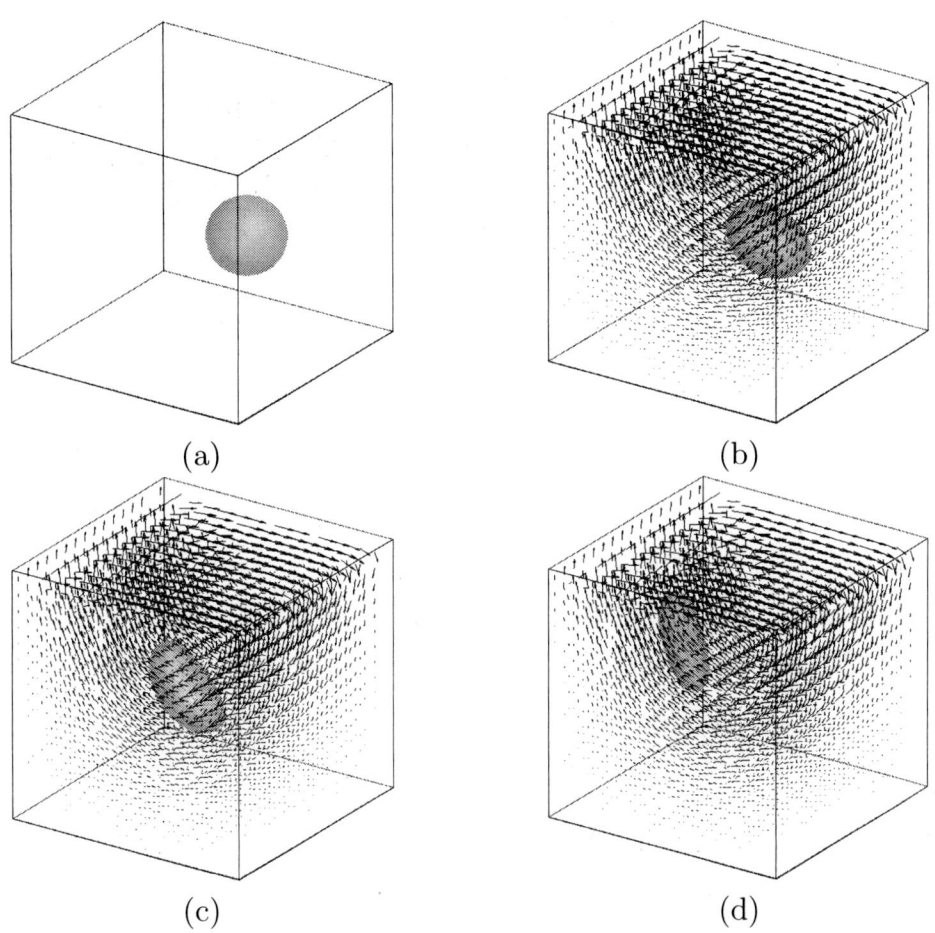

그림 8.3: (a) $t = 0$, (b) $t = 600\Delta t$, (c) $t = 1800\Delta t$, (d) $t = 3000\Delta t$에서의 속도장. $N_x = N_y = N_z = 32$, 즉, $h = 1/32$, $Re = 10$, $We = 20$, 경계 속도 $(u, v, w) = (1, 0, 0)$, 방울의 반지름 $R = 0.15$, $\epsilon = \epsilon_4$, $Pe = 200$, $\Delta t = 0.1h^2 Re$를 사용.

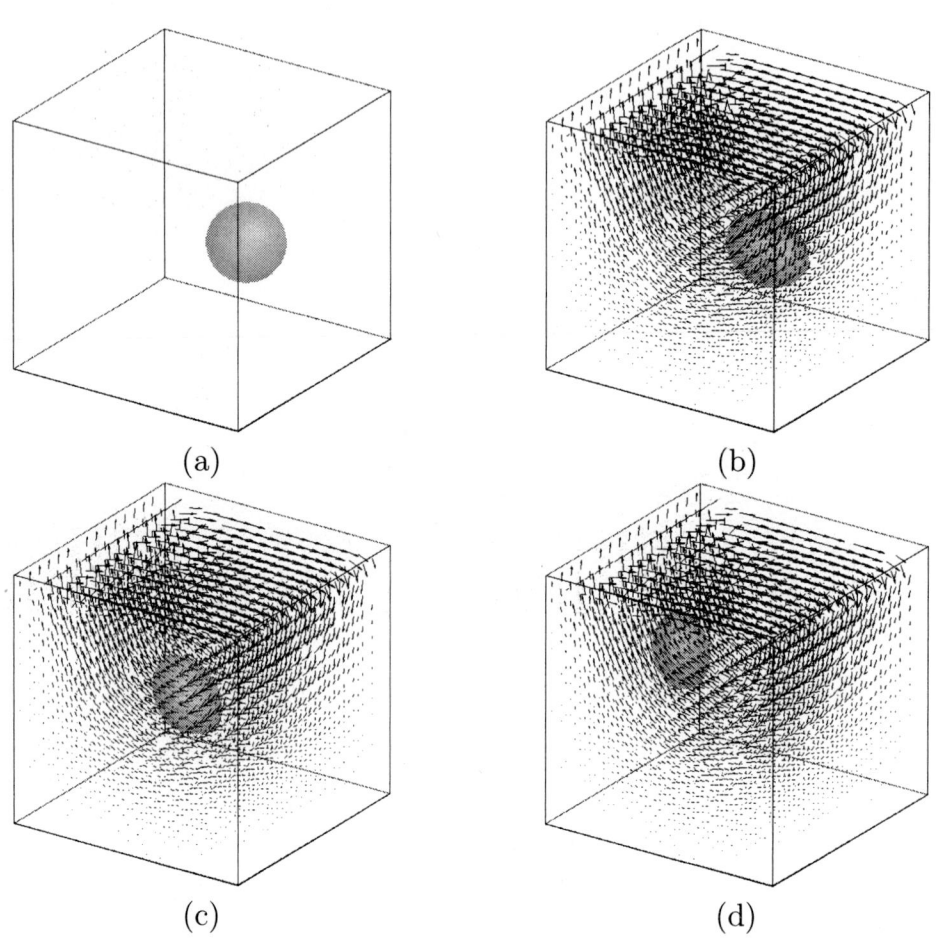

그림 8.4: (a) $t = 0$, (b) $t = 600\Delta t$, (c) $t = 1800\Delta t$, (d) $t = 3000\Delta t$에서의 속도장. $N_x = N_y = N_z = 32$, 즉, $h = 1/32$, $Re = 10$, $We = 5$, 경계 속도 $bdvel = 1$, 방울의 반지름 $R = 0.15$, $\epsilon = \epsilon_4$, $Pe = 200$, $\Delta t = 0.1h^2 Re$를 사용.

제 3 절 수치 실험

표 8.2: 3차원 나비어-스톡스-칸-힐리아드 방정식에 사용된 매개변수들.

매개변수	설명
Nx, Ny, Nz	x, y, z 방향으로의 공간 노드 개수
n_level	멀티그리드 단계
p_relax	푸아송 방정식에 대한 가우스-세이델 반복 횟수
c_relax	칸-힐리아드 방정식에 대한 가우스-세이델 반복 횟수
dt	Δt 시간 격자 크기
xleft, yleft, zleft	계산영역에서의 x, y, z 축 최솟값
xright, yright, zright	계산영역에서의 x, y, z 축 최댓값
ns	출력된 데이터의 개수
max_it	최대 시행 횟수
max_it_MG	멀티그리드 연산 횟수
tol_MG	멀티그리드의 오차범위
h	공간 격자 크기
h2	h^2
gam	ϵ
Cahn	ϵ^2
ra	방울의 반지름
Re	레이놀즈 수
We	웨버 수
Pe	페클레 수
top_vel	상단에서의 속도
vel_ns	출력된 속도 데이터의 개수

제 8 장 3차원 나비어–스톡스–칸–힐리아드 방정식
(NAVIER–STOKES–CAHN–HILLIARD EQUATION)

```c
#define i0jloop i0loop jloop
#define ij0loop iloop j0loop
#define ijkloop iloop jloop kloop
#define i0jkloop i0loop jloop kloop
#define ij0kloop iloop j0loop kloop
#define ijk0loop iloop jloop k0loop
#define iloopt for (i=1; i<=Nxt; i++)
#define i0loopt for (i=0; i<=Nxt; i++)
#define jloopt for (j=1; j<=Nyt; j++)
#define j0loopt for (j=0; j<=Nyt; j++)
#define kloopt for (k=1; k<=Nzt; k++)
#define k0loopt for (k=0; k<=Nzt; k++)
#define ijloopt iloopt jloopt
#define i0jloopt i0loopt jloopt
#define ij0loopt iloopt j0loopt
#define ijkloopt iloopt jloopt kloopt
#define i0jkloopt i0loopt jloopt kloopt
#define ij0kloopt iloopt j0loopt kloopt
#define ijk0loopt iloopt jloopt k0loopt
int Nx, Ny, Nz, p_relax, c_relax, n_level;
float ***fx, ***fy, ***fz, ***adv_u, ***adv_v, ***adv_w,
      ***adv_c, ***tu, ***tv, ***tw, ***workp, ***worku,
      ***workv, ***workw, ***ct, ***mu, ***sc, ***smu, pi,
      xleft, xright, yleft, yright, zleft, zright, h, h2,
      gam, Cahn, Re, We, Pe, dt, top_vel;

void initialization(float ***u, float ***v, float ***w,
                    float ***p, float ***phi) {
    int i, j, k;
    float x, y, z;
```

제 3 절 수치 실험

```
    ijkloop {
        x=xleft+((float)i-0.5)*h;
        y=yleft+((float)j-0.5)*h;
        z=zleft+((float)k-0.5)*h;
     p[i][j][k]=0.0;
     phi[i][j][k]=tanh((0.15-sqrt(pow(x-0.7*xright,2)
    +pow(y-0.5*yright,2)+pow(z-0.5*zright,2)))/(sqrt(2.0)*gam));}
    i0jkloop {
        u[i][j][k]=0.0;}
    ij0kloop {
        v[i][j][k]=0.0;}
    ijk0loop {
        w[i][j][k]=0.0;}
}
float ***cube(int xl, int xr, int yl, int yr, int zl, int zr) {
    int i, j, nrow=xr-xl+1, ncol=yr-yl+1, ndep=zr-zl+1;
    float ***t;

t=(float ***) malloc(((nrow+1)*sizeof(float**)));
t+= 1; t-= xl;
t[xl]=(float **) malloc(((nrow*ncol+1)*sizeof(float *)));
t[xl]+= 1;  t[xl]-= yl;
t[xl][yl]=(float *) malloc(((nrow*ncol*ndep+1)*sizeof(float)));
t[xl][yl]+= 1; t[xl][yl]-= zl;
    for(j=yl+1; j<=yr; j++) t[xl][j]=t[xl][j-1]+ndep;
    for(i=xl+1; i<=xr; i++) {
        t[i]=t[i-1]+ncol;
        t[i][yl]=t[i-1][yl]+ncol*ndep;
        for(j=yl+1; j<=yr; j++)
            t[i][j]=t[i][j-1]+ndep;}
    return t;
}
```

```
}
void free_cube(float ***t, int xl, int xr, int yl, int yr,
               int zl, int zr) {
    free((char *) (t[xl][yl]+zl-1));
    free((char *) (t[xl]+yl-1));
    free((char *) (t+xl-1));
}
void augmenc(float ***c) {
    int i, j, k;

    for (j=1; j<=Ny; j++)
        for (k=1; k<=Nz; k++) {
            c[0][j][k]=c[1][j][k];
            c[Nx+1][j][k]=c[Nx][j][k];}
    for (i=0; i<=Nx+1; i++)
        for (k=1; k<=Nz; k++) {
            c[i][0][k]=c[i][1][k];
            c[i][Ny+1][k]=c[i][Ny][k];}
    for (i=0; i<=Nx+1; i++)
        for (j=0; j<=Ny+1; j++) {
            c[i][j][0]=c[i][j][1];
            c[i][j][Nz+1]=c[i][j][Nz];}
}
void SF_force(float ***c, float ***fx, float ***fy,
              float ***fz) {
    int i, j, k, zero_norm, l, m, n;
    float fac, ***dx1, ***dy1, ***dz1, ***normd, deno=4.0*h,
          almost_zero=1.0e-3, ddx, ddy, ddz, dxx, dyy, dzz,
          curvature;

    fac =-3.0*sqrt(2.0)*gam/(4.0*We);
```

제 3 절 수치 실험   217

```
    dx1=cube(0, 1, 0, 1, 0, 1);
    dy1=cube(0, 1, 0, 1, 0, 1);
    dz1=cube(0, 1, 0, 1, 0, 1);
    normd=cube(0, 1, 0, 1, 0, 1);
    augmenc(c);
    ijkloop {
     dx1[0][0][0]=(c[i][j][k]+c[i][j-1][k]+c[i][j][k-1]
    +c[i][j-1][k-1]-c[i-1][j][k]-c[i-1][j-1][k]-c[i-1][j][k-1]
               -c[i-1][j-1][k-1])/deno;
     dx1[0][1][0]=(c[i][j+1][k]+c[i][j][k]+c[i][j+1][k-1]
      +c[i][j][k-1]-c[i-1][j+1][k]-c[i-1][j][k]-c[i-1][j+1][k-1]
      -c[i-1][j][k-1])/deno;
     dx1[1][0][0]=(c[i+1][j][k]+c[i+1][j-1][k]+c[i+1][j][k-1]
    +c[i+1][j-1][k-1]-c[i][j][k]-c[i][j-1][k]-c[i][j][k-1]
    -c[i][j-1][k-1])/deno;
     dx1[1][1][0]=(c[i+1][j+1][k]+c[i+1][j][k]+c[i+1][j+1][k-1]
    +c[i+1][j][k-1]-c[i][j+1][k]-c[i][j][k]-c[i][j+1][k-1]
    -c[i][j][k-1])/deno;
     dx1[0][0][1]=(c[i][j][k+1]+c[i][j-1][k+1]+c[i][j][k]
      +c[i][j-1][k]-c[i-1][j][k+1]-c[i-1][j-1][k+1]-c[i-1][j][k]
      -c[i-1][j-1][k])/deno;
     dx1[0][1][1]=(c[i][j+1][k+1]+c[i][j][k+1]+c[i][j+1][k]
      +c[i][j][k]-c[i-1][j+1][k+1]-c[i-1][j][k+1]-c[i-1][j+1][k]
      -c[i-1][j][k])/deno;
     dx1[1][0][1]=(c[i+1][j][k+1]+c[i+1][j-1][k+1]+c[i+1][j][k]
      +c[i+1][j-1][k]-c[i][j][k+1]-c[i][j-1][k+1]-c[i][j][k]
      -c[i][j-1][k])/deno;
     dx1[1][1][1]=(c[i+1][j+1][k+1]+c[i+1][j][k+1]+c[i+1][j+1][k]
      +c[i+1][j][k]-c[i][j+1][k+1]-c[i][j][k+1]-c[i][j+1][k]
      -c[i][j][k])/deno;
     dy1[0][0][0]=(c[i][j][k]+c[i-1][j][k]+c[i][j][k-1]
```

```
    +c[i-1][j][k-1]-c[i][j-1][k]-c[i-1][j-1][k]-c[i][j-1][k-1]
    -c[i-1][j-1][k-1])/deno;
dy1[0][1][0]=(c[i][j+1][k]+c[i-1][j+1][k]+c[i][j+1][k-1]
    +c[i-1][j+1][k-1]-c[i][j][k]-c[i-1][j][k]-c[i][j][k-1]
    -c[i-1][j][k-1])/deno;
dy1[1][0][0]=(c[i+1][j][k]+c[i][j][k]+c[i+1][j][k-1]
    +c[i][j][k-1]-c[i+1][j-1][k]-c[i][j-1][k]-c[i+1][j-1][k-1]
    -c[i][j-1][k-1])/deno;
dy1[1][1][0]=(c[i+1][j+1][k]+c[i][j+1][k]+c[i+1][j+1][k-1]
    +c[i][j+1][k-1]-c[i+1][j][k]-c[i][j][k]-c[i+1][j][k-1]
    -c[i][j][k-1])/deno;
dy1[0][0][1]=(c[i][j][k+1]+c[i-1][j][k+1]+c[i][j][k]
    +c[i-1][j][k]-c[i][j-1][k+1]-c[i-1][j-1][k+1]-c[i][j-1][k]
    -c[i-1][j-1][k])/deno;
dy1[0][1][1]=(c[i][j+1][k+1]+c[i-1][j+1][k+1]+c[i][j+1][k]
    +c[i-1][j+1][k]-c[i][j][k+1]-c[i-1][j][k+1]-c[i][j][k]
    -c[i-1][j][k])/deno;
dy1[1][0][1]=(c[i+1][j][k+1]+c[i][j][k+1]+c[i+1][j][k]
    +c[i][j][k]-c[i+1][j-1][k+1]-c[i][j-1][k+1]-c[i+1][j-1][k]
    -c[i][j-1][k])/deno;
dy1[1][1][1]=(c[i+1][j+1][k+1]+c[i][j+1][k+1]+c[i+1][j+1][k]
    +c[i][j+1][k]-c[i+1][j][k+1]-c[i][j][k+1]-c[i+1][j][k]
    -c[i][j][k])/deno;
dz1[0][0][0]=(c[i][j][k]+c[i][j-1][k]+c[i-1][j][k]
    +c[i-1][j-1][k]-c[i][j][k-1]-c[i][j-1][k-1]-c[i-1][j][k-1]
    -c[i-1][j-1][k-1])/deno;
dz1[0][1][0]=(c[i][j+1][k]+c[i][j][k]+c[i-1][j+1][k]
    +c[i-1][j][k]-c[i][j+1][k-1]-c[i][j][k-1]-c[i-1][j+1][k-1]
    -c[i-1][j][k-1])/deno;
dz1[1][0][0]=(c[i+1][j][k]+c[i+1][j-1][k]+c[i][j][k]
    +c[i][j-1][k]-c[i+1][j][k-1]-c[i+1][j-1][k-1]-c[i][j][k-1]
```

제 3 절 수치 실험

```
            -c[i][j-1][k-1])/deno;
        dz1[1][1][0]=(c[i+1][j+1][k]+c[i+1][j][k]+c[i][j+1][k]
            +c[i][j][k]-c[i+1][j+1][k-1]-c[i+1][j][k-1]-c[i][j+1][k-1]
            -c[i][j][k-1])/deno;
        dz1[0][0][1]=(c[i][j][k+1]+c[i][j-1][k+1]+c[i-1][j][k+1]
            +c[i-1][j-1][k+1]-c[i][j][k]-c[i][j-1][k]-c[i-1][j][k]
            -c[i-1][j-1][k])/deno;
        dz1[0][1][1]=(c[i][j+1][k+1]+c[i][j][k+1]+c[i-1][j+1][k+1]
            +c[i-1][j][k+1]-c[i][j+1][k]-c[i][j][k]-c[i-1][j+1][k]
            -c[i-1][j][k])/deno;
        dz1[1][0][1]=(c[i+1][j][k+1]+c[i+1][j-1][k+1]+c[i][j][k+1]
            +c[i][j-1][k+1]-c[i+1][j][k]-c[i+1][j-1][k]-c[i][j][k]
            -c[i][j-1][k])/deno;
        dz1[1][1][1]=(c[i+1][j+1][k+1]+c[i+1][j][k+1]+c[i][j+1][k+1]
            +c[i][j][k+1]-c[i+1][j+1][k]-c[i+1][j][k]-c[i][j+1][k]
            -c[i][j][k])/deno;
          zero_norm=0;
          for (l=0; l<2; l++) {
              for (m=0; m<2; m++) {
                  for (n=0; n<2; n++) {
                    normd[l][m][n]=sqrt(pow(dx1[l][m][n],2)+
                       pow(dy1[l][m][n],2)+pow(dz1[l][m][n],2));
          if (normd[l][m][n] <= almost_zero)
          zero_norm=1;}
              }
          }
        ddx=(dx1[0][0][0]+dx1[0][1][0]+dx1[1][1][0]+dx1[1][0][0]
            +dx1[0][0][1]+dx1[0][1][1]+dx1[1][1][1]+dx1[1][0][1])/8.0;
        ddy=(dy1[0][0][0]+dy1[0][1][0]+dy1[1][1][0]+dy1[1][0][0]
            +dy1[0][0][1]+dy1[0][1][1]+dy1[1][1][1]+dy1[1][0][1])/8.0;
        ddz=(dz1[0][0][0]+dz1[0][1][0]+dz1[1][1][0]+dz1[1][0][0]
```

```
            +dz1[0][0][1]+dz1[0][1][1]+dz1[1][1][1]+dz1[1][0][1])/8.0;
        if ((ddx*ddx+ddy*ddy+ddz*ddz) <= almost_zero)
            zero_norm=1;
   if ((zero_norm == 0) && fabs(c[i][j][k])<0.95) {
    dxx=((dx1[1][1][0]/normd[1][1][0]+dx1[1][0][0]/normd[1][0][0])
       -(dx1[0][1][0]/normd[0][1][0]+dx1[0][0][0]/normd[0][0][0])
       +(dx1[1][1][1]/normd[1][1][1]+dx1[1][0][1]/normd[1][0][1])
       -(dx1[0][1][1]/normd[0][1][1]+dx1[0][0][1]/normd[0][0][1]))
       /deno;
    dyy=((dy1[1][1][0]/normd[1][1][0]+dy1[0][1][0]/normd[0][1][0])
       -(dy1[1][0][0]/normd[1][0][0]+dy1[0][0][0]/normd[0][0][0])
       +(dy1[1][1][1]/normd[1][1][1]+dy1[0][1][1]/normd[0][1][1])
       -(dy1[1][0][1]/normd[1][0][1]+dy1[0][0][1]/normd[0][0][1]))
       /deno;
    dzz=((dz1[1][1][1]/normd[1][1][1]+dz1[0][1][1]/normd[0][1][1])
       +(dz1[1][0][1]/normd[1][0][1]+dz1[0][0][1]/normd[0][0][1])
       -(dz1[1][1][0]/normd[1][1][0]+dz1[0][1][0]/normd[0][1][0])
       -(dz1[1][0][0]/normd[1][0][0]+dz1[0][0][0]/normd[0][0][0]))
       /deno;
    curvature=dxx+dyy+dzz;}
   else {
       curvature=0.0;}
           worku[i][j][k]=fac*curvature*ddx*sqrt(pow(ddx,2)
                         +pow(ddy,2)+pow(ddz,2));
           workv[i][j][k]=fac*curvature*ddy*sqrt(pow(ddx,2)
                         +pow(ddy,2)+pow(ddz,2));
           workw[i][j][k]=fac*curvature*ddz*sqrt(pow(ddx,2)
                         +pow(ddy,2)+pow(ddz,2));}
    augmenc(worku);
    augmenc(workv);
    augmenc(workw);
```

제 3 절 수치 실험   221

```
    i0jkloop {
        fx[i][j][k]=0.5*(worku[i][j][k]+worku[i+1][j][k]);}
    ij0kloop {
        fy[i][j][k]=0.5*(workv[i][j][k]+workv[i][j+1][k]);}
    ijk0loop {
        fz[i][j][k]=0.5*(workw[i][j][k]+workw[i][j][k+1]);}
    free_cube(dx1, 0, 1, 0, 1, 0, 1);
    free_cube(dy1, 0, 1, 0, 1, 0, 1);
    free_cube(dz1, 0, 1, 0, 1, 0, 1);
    free_cube(normd, 0, 1, 0, 1, 0, 1);
}
void augmenuvw(float ***u, float ***v, float ***w, int Nx,
               int Ny, int Nz) {
    int i, j, k;

    for (j=1; j<=Ny; j++)
        for (k=1; k<=Nz; k++) {
            u[-1][j][k] =-u[1][j][k];
            u[0][j][k]=0.0;
            u[Nx+1][j][k] =-u[Nx-1][j][k];
            u[Nx][j][k]=0.0;}
    for (i=-1; i<=Nx+1; i++)
        for (k=1; k<=Nz; k++) {
            u[i][0][k] =-u[i][1][k];
            u[i][Ny+1][k] =-u[i][Ny][k];}
    for (i=-1; i<=Nx+1; i++)
        for (j=0; j<=Ny+1; j++) {
            u[i][j][0] =-u[i][j][1];
            u[i][j][Nz+1]=2.0*top_vel-u[i][j][Nz];}
    for (i=1; i<=Nx; i++)
        for (k=1; k<=Nz; k++) {
```

```
                v[i][-1][k] =-v[i][1][k];
                v[i][0][k]=0.0;
                v[i][Ny+1][k] =-v[i][Ny-1][k];
                v[i][Ny][k]=0.0;}
    for (j=-1; j<=Ny+1; j++)
        for (k=1; k<=Nz; k++) {
            v[0][j][k] =-v[1][j][k];
            v[Nx+1][j][k] =-v[Nx][j][k];}
    for (i=0; i<=Nx+1; i++)
        for (j=-1; j<=Ny+1; j++) {
            v[i][j][0] =-v[i][j][1];
            v[i][j][Nz+1] =-v[i][j][Nz];}
    for (j=1; j<=Ny; j++)
        for (k=0; k<=Nz; k++) {
            w[0][j][k] =-w[1][j][k];
            w[Nx+1][j][k] =-w[Nx][j][k];}
    for (i=0; i<=Nx+1; i++)
        for (k=0; k<=Nz; k++) {
            w[i][0][k] =-w[i][1][k];
            w[i][Ny+1][k] =-w[i][Ny][k];}
    for (i=0; i<=Nx+1; i++)
        for (j=0; j<=Ny+1; j++) {
            w[i][j][-1] =-w[i][j][1];
            w[i][j][0]=0.0;
            w[i][j][Nz+1] =-w[i][j][Nz-1];
            w[i][j][Nz]=0.0;}
}
void advection_step(float ***u, float ***v, float ***w,
                    float ***oc, float ***adv_u, float ***adv_v,
                    float ***adv_w, float ***adv_c) {
    int i, j, k;
```

제 3 절 수치 실험

```
        augmenuvw(u,v,w, Nx, Ny, Nz);
        augmenc(oc);
i0jkloop {
 if (u[i][j][k]>0.0)
      adv_u[i][j][k]=u[i][j][k]*(u[i][j][k]-u[i-1][j][k])/h;
 else
      adv_u[i][j][k]=u[i][j][k]*(u[i+1][j][k]-u[i][j][k])/h;
 if (v[i][j-1][k]+v[i+1][j-1][k]+v[i][j][k]+v[i+1][j][k]>0.0)
      adv_u[i][j][k]+=0.25*(v[i][j-1][k]+v[i+1][j-1][k]+v[i][j][k]
                  +v[i+1][j][k])*(u[i][j][k]-u[i][j-1][k])/h;
 else
      adv_u[i][j][k]+=0.25*(v[i][j-1][k]+v[i+1][j-1][k]+v[i][j][k]
                  +v[i+1][j][k])*(u[i][j+1][k]-u[i][j][k])/h;
 if (w[i][j][k-1]+w[i+1][j][k-1]+w[i][j][k]+w[i+1][j][k]>0.0)
      adv_u[i][j][k]+=0.25*(w[i][j][k-1]+w[i+1][j][k-1]+w[i][j][k]
                  +w[i+1][j][k])*(u[i][j][k]-u[i][j][k-1])/h;
 else
      adv_u[i][j][k]+=0.25*(w[i][j][k-1]+w[i+1][j][k-1]+w[i][j][k]
                  +w[i+1][j][k])*(u[i][j][k+1]-u[i][j][k])/h;}
ij0kloop {
 if (u[i-1][j][k]+u[i-1][j+1][k]+u[i][j][k]+u[i][j+1][k]>0.0)
      adv_v[i][j][k]=0.25*(u[i-1][j][k]+u[i-1][j+1][k]+u[i][j][k]
                  +u[i][j+1][k])*(v[i][j][k]-v[i-1][j][k])/h;
 else
      adv_v[i][j][k]=0.25*(u[i-1][j][k]+u[i-1][j+1][k]+u[i][j][k]
                  +u[i][j+1][k])*(v[i+1][j][k]-v[i][j][k])/h;
 if (v[i][j][k]>0.0)
      adv_v[i][j][k]+=v[i][j][k]*(v[i][j][k]-v[i][j-1][k])/h;
 else
      adv_v[i][j][k]+=v[i][j][k]*(v[i][j+1][k]-v[i][j][k])/h;
```

```
    if (w[i][j][k-1]+w[i][j+1][k-1]+w[i][j][k]+w[i][j+1][k]>0.0)
        adv_v[i][j][k]+=0.25*(w[i][j][k-1]+w[i][j+1][k-1]+w[i][j][k]
                    +w[i][j+1][k])*(v[i][j][k]-v[i][j][k-1])/h;
    else
        adv_v[i][j][k]+=0.25*(w[i][j][k-1]+w[i][j+1][k-1]+w[i][j][k]
                    +w[i][j+1][k])*(v[i][j][k+1]-v[i][j][k])/h;}
ijk0loop {
    if (u[i-1][j][k]+u[i-1][j][k+1]+u[i][j][k]+u[i][j][k+1]>0.0)
        adv_w[i][j][k]=0.25*(u[i-1][j][k]+u[i-1][j][k+1]+u[i][j][k]
                    +u[i][j][k+1])*(w[i][j][k]-w[i-1][j][k])/h;
    else
        adv_w[i][j][k]=0.25*(u[i-1][j][k]+u[i-1][j][k+1]+u[i][j][k]
                    +u[i][j][k+1])*(w[i+1][j][k]-w[i][j][k])/h;
    if (v[i][j-1][k]+v[i][j-1][k+1]+v[i][j][k]+v[i][j][k+1]>0.0)
        adv_w[i][j][k]+=0.25*(v[i][j-1][k]+v[i][j-1][k+1]+v[i][j][k]
                    +v[i][j][k+1])*(w[i][j][k]-w[i][j-1][k])/h;
    else
        adv_w[i][j][k]+=0.25*(v[i][j-1][k]+v[i][j-1][k+1]+v[i][j][k]
                    +v[i][j][k+1])*(w[i][j+1][k]-w[i][j][k])/h;
    if (w[i][j][k]>0.0)
        adv_w[i][j][k]+= w[i][j][k]*(w[i][j][k]-w[i][j][k-1])/h;
    else
        adv_w[i][j][k]+= w[i][j][k]*(w[i][j][k+1]-w[i][j][k])/h;}
ijkloop {
    adv_c[i][j][k]=(0.5*u[i][j][k]*(oc[i+1][j][k]+oc[i][j][k])
    -0.5*u[i-1][j][k]*(oc[i][j][k]+oc[i-1][j][k]))/h
    +(0.5*v[i][j][k]*(oc[i][j+1][k]+oc[i][j][k])-0.5*v[i][j-1][k]
    *(oc[i][j][k]+oc[i][j-1][k]))/h+(0.5*w[i][j][k]*(oc[i][j][k+1]
    +oc[i][j][k])-0.5*w[i][j][k-1]*(oc[i][j][k]+oc[i][j][k-1]))/h;}
}
void temp_uvw(float ***tu, float ***tv, float ***tw, float ***u,
```

제 3 절 수치 실험   225

```
                    float ***v, float ***w, float ***adv_u,
                    float ***adv_v, float ***adv_w, float ***fx,
                    float ***fy, float ***fz) {
    int i, j, k;

i0jkloop {
    tu[i][j][k]=u[i][j][k]+dt*((u[i+1][j][k]+u[i-1][j][k]
        -6.0*u[i][j][k]+u[i][j+1][k]+u[i][j-1][k]+u[i][j][k+1]
        +u[i][j][k-1])/(Re*h2)-adv_u[i][j][k]+fx[i][j][k]);}
ij0kloop {
    tv[i][j][k]=v[i][j][k]+ dt*((v[i+1][j][k]+v[i-1][j][k]
        -6.0*v[i][j][k]+v[i][j+1][k]+v[i][j-1][k]+v[i][j][k+1]
        +v[i][j][k-1])/(Re*h2)-adv_v[i][j][k]+fy[i][j][k]);}
ijk0loop {
    tw[i][j][k]=w[i][j][k]+ dt*((w[i+1][j][k]+w[i-1][j][k]
        -6.0*w[i][j][k]+w[i][j+1][k]+w[i][j-1][k]+w[i][j][k+1]
        +w[i][j][k-1])/(Re*h2)-adv_w[i][j][k]+fz[i][j][k]);}
}
void div_uvw(float ***tu, float ***tv, float ***tw,
    float ***divuvw, int Nxt, int Nyt, int Nzt) {

    int i, j, k;
    float ht;

    ht=(xright-xleft)/(float)Nxt;
    ijkloopt {
        divuvw[i][j][k]=(tu[i][j][k]-tu[i-1][j][k]+tv[i][j][k]
            -tv[i][j-1][k]+tw[i][j][k]- tw[i][j][k-1])/ht;}
}
void source_uvw(float ***tu, float ***tv, float ***tw,
    float ***divuvw, int Nxt, int Nyt, int Nzt) {
```

```
    int i, j, k;

    div_uvw(tu, tv, tw, divuvw, Nxt, Nyt, Nzt);
    ijkloopt {
        divuvw[i][j][k] /= dt;}
}
void cube_copy(float ***a, float ***b, int xl, int xr,
    int yl, int yr, int zl, int zr) {
    int i, j, k;

    for (i=xl; i<=xr; i++)
        for (j=yl; j<=yr; j++)
            for (k=zl; k<=zr; k++) {
                a[i][j][k]=b[i][j][k];}
}
void relax_p(float ***p, float ***f, int ilevel, int Nxt,
             int Nyt, int Nzt) {
    int i, j, k, iter;
    float ht2, sorc, coef;

    ht2 = pow((xright-xleft)/(float)Nxt,2);
    for (iter=1; iter<=p_relax; iter++) {
        ijkloopt {
            sorc = f[i][j][k];
            if (i==1) {
                sorc -= p[i+1][j][k]/ht2;
                coef = -1.0/ht2;}
            else if (i==Nxt) {
                sorc -= p[i-1][j][k]/ht2;
                coef = -1.0/ht2;}
            else {
```

제 3 절 수치 실험

```
                    sorc -= (p[i+1][j][k]+p[i-1][j][k])/ht2;
                    coef = -2.0/ht2;}
            if (j==1) {
                    sorc -= p[i][j+1][k]/ht2;
                    coef -= 1.0/ht2;}
            else if (j==Nyt) {
                    sorc -= p[i][j-1][k]/ht2;
                    coef -= 1.0/ht2;}
            else {
                    sorc -= (p[i][j+1][k]+p[i][j-1][k])/ht2;
                    coef -= 2.0/ht2;}
            if (k==1) {
                    sorc -= p[i][j][k+1]/ht2;
                    coef -= 1.0/ht2;}
            else if (k==Nzt) {
                    sorc -= p[i][j][k-1]/ht2;
                    coef -= 1.0/ht2;}
            else {
                    sorc -= (p[i][j][k+1]+p[i][j][k-1])/ht2;
                    coef -= 2.0/ht2;}
            p[i][j][k] = sorc/coef;
        }
    }
}
```

```
void grad_p(float ***p, float ***dpdx, float ***dpdy,
    float ***dpdz, int Nxt, int Nyt, int Nzt) {
    int i, j, k;
    float ht;
```

```
            ht = (xright-xleft)/(float)Nxt;
            i0jkloopt {
                if (i==0)
                    dpdx[i][j][k] = 0.0;
                else if (i==Nxt)
                    dpdx[i][j][k] = 0.0;
                else
                    dpdx[i][j][k] = (p[i+1][j][k] - p[i][j][k])/ht;}
            ij0kloopt {
                if (j==0)
                    dpdy[i][j][k] = 0.0;
                else if (j==Nyt)
                    dpdy[i][j][k] = 0.0;
                else
                    dpdy[i][j][k] = (p[i][j+1][k] - p[i][j][k])/ht;}
            ijk0loopt {
                if (k==0)
                    dpdz[i][j][k] = 0.0;
                else if (k==Nzt)
                    dpdz[i][j][k] = 0.0;
                else
                    dpdz[i][j][k] = (p[i][j][k+1] - p[i][j][k])/ht;}
}
void cube_sub(float ***a, float ***b, float ***c, int xl,
              int xr, int yl, int yr, int zl, int zr) {
    int i, j, k;

    for (i=xl; i<=xr; i++)
        for (j=yl; j<=yr; j++)
            for (k=zl; k<=zr; k++) {
                a[i][j][k]=b[i][j][k]-c[i][j][k];}
```

제 3 절 수치 실험

```
}
void residual_presscre(float ***r, float ***p, float ***f,
    int Nxt, int Nyt, int Nzt) {
    float ***dpdx, ***dpdy, ***dpdz;

    dpdx = cube(0, Nxt, 1, Nyt, 1, Nzt);
    dpdy = cube(1, Nxt, 0, Nyt, 1, Nzt);
    dpdz = cube(1, Nxt, 1, Nyt, 0, Nzt);
    grad_p(p, dpdx, dpdy, dpdz, Nxt, Nyt, Nzt);
    div_uvw(dpdx, dpdy, dpdz,r, Nxt, Nyt, Nzt);
    cube_sub(r, f, r, 1, Nxt, 1, Nyt, 1, Nzt);
    free_cube(dpdx, 0, Nxt, 1, Nyt, 1, Nzt);
    free_cube(dpdy, 1, Nxt, 0, Nyt, 1, Nzt);
    free_cube(dpdz, 1, Nxt, 1, Nyt, 0, Nzt);
}
void restrict3D(float ***u_fine, float ***u_coarse,
    int Nxt, int Nyt, int Nzt) {
    int i, j, k;

    ijkloopt {
        u_coarse[i][j][k]=0.125*(u_fine[2*i-1][2*j-1][2*k]
        + u_fine[2*i-1][2*j][2*k] + u_fine[2*i][2*j-1][2*k]
        + u_fine[2*i][2*j][2*k] + u_fine[2*i-1][2*j-1][2*k-1]
        + u_fine[2*i-1][2*j][2*k-1] + u_fine[2*i][2*j-1][2*k-1]
        + u_fine[2*i][2*j][2*k-1]);}
}
void prolong(float ***u_coarse, float ***u_fine,
        int Nxt, int Nyt, int Nzt) {
    int i, j, k;

    ijkloopt {
```

```
                u_fine[2*i-1][2*j-1][2*k] = u_coarse[i][j][k];
                u_fine[2*i-1][2*j][2*k] = u_coarse[i][j][k];
                u_fine[2*i][2*j-1][2*k] = u_coarse[i][j][k];
                u_fine[2*i][2*j][2*k] = u_coarse[i][j][k];
                u_fine[2*i-1][2*j-1][2*k-1] = u_coarse[i][j][k];
                u_fine[2*i-1][2*j][2*k-1] = u_coarse[i][j][k];
                u_fine[2*i][2*j-1][2*k-1] = u_coarse[i][j][k];
                u_fine[2*i][2*j][2*k-1] = u_coarse[i][j][k];}
}
void zero_cube(float ***a, int xl, int xr, int yl, int yr,
               int zl, int zr) {
    int i, j, k;

    for (i=xl; i<=xr; i++)
        for (j=yl; j<=yr; j++)
            for (k=zl; k<=zr; k++) {
                a[i][j][k] = 0.0;}
}
void cube_add(float ***a, float ***b, float ***c, int xl,
              int xr, int yl, int yr,  int zl, int zr) {
    int i, j, k;

    for (i=xl; i<=xr; i++)
        for (j=yl; j<=yr; j++)
            for (k=zl; k<=zr; k++) {
                a[i][j][k]=b[i][j][k]+c[i][j][k];}
}
void vcycle_uvw(float ***pf, float ***ff, int Nxf, int Nyf,
                int Nzf, int ilevel) {

    relax_p(pf, ff, ilevel, Nxf, Nyf, Nzf);
```

제 3 절 수치 실험

```
    if (ilevel < n_level) {
        int Nxc, Nyc, Nzc;
        float ***rf, ***fc, ***pc;
        Nxc = Nxf/2; Nyc = Nyf/2; Nzc = Nzf/2;
        rf = cube(1, Nxf, 1, Nyf, 1, Nzf);
        fc = cube(1, Nxc, 1, Nyc, 1, Nzc);
        pc = cube(1, Nxc, 1, Nyc, 1, Nzc);
           residual_presscre(rf, pf, ff, Nxf, Nyf, Nzf);
            restrict3D(rf, fc, Nxc, Nyc, Nzc);
             zero_cube(pc, 1, Nxc, 1, Nyc, 1, Nzc);
              vcycle_uvw(pc, fc, Nxc, Nyc, Nzc, ilevel + 1);
             prolong(pc,rf, Nxc, Nyc, Nzc);
            cube_add(pf, pf, rf, 1, Nxf, 1, Nyf, 1, Nzf);
           relax_p(pf, ff, ilevel, Nxf, Nyf, Nzf);
        free_cube(rf, 1, Nxf, 1, Nyf, 1, Nzf);
        free_cube(fc, 1, Nxc, 1, Nyc, 1, Nzc);
        free_cube(pc, 1, Nxc, 1, Nyc, 1, Nzc);}
}
void presscre_update(float ***a) {
    int i, j, k;
    float ave = 0.0;

    ijkloop {
        ave = ave + a[i][j][k];}
    ave /= (Nx+0.0)*(Ny+0.0)*(Nz+0.0);
    ijkloop{a[i][j][k] -= ave;}
}
float norm3D(float ***a, int i_start, int i_end,
        int j_start, int j_end, int k_start, int k_end) {
    int i, j, k;
    float value = 0.0;
```

제 8 장 3차원 나비어–스톡스–칸–힐리아드 방정식
(NAVIER–STOKES–CAHN–HILLIARD EQUATION)

```
        for (i=i_start; i<=i_end; i++)
            for (j=j_start; j<=j_end; j++)
                for (k=k_start; k<=k_end; k++) {
                value += a[i][j][k]*a[i][j][k];}
        return sqrt(value/((i_end-i_start+1.0)
            *(j_end-j_start+1.0)*(k_end-k_start+1.0)));
}
void MG_Poisson(float ***p, float ***f) {
    int it_Mg = 1, max_it = 100;
    float resid = 1.0, tol = 1.0e-5, ***sor;

    sor = cube(1, Nx, 1, Ny, 1, Nz);
    cube_copy(fx,p, 1, Nx, 1, Ny, 1, Nz);
    while (it_Mg <= max_it && resid >= tol) {
        vcycle_uvw(p, f, Nx, Ny, Nz, 1);
        presscre_update(p);
        cube_sub(sor, fx, p, 1, Nx, 1, Ny, 1, Nz);
        resid = norm3D(sor, 1, Nx, 1, Ny, 1, Nz);
        cube_copy(fx,p, 1, Nx, 1, Ny, 1, Nz); it_Mg++;}
    printf("Presscre iteration = %d, residual = %16.14f\n",
            it_Mg,resid);
    free_cube(sor, 1, Nx, 1, Ny, 1, Nz);
}
void Poisson(float ***tu, float ***tv,
            float ***tw, float ***p) {
    source_uvw(tu, tv, tw, workp, Nx, Ny, Nz);
    MG_Poisson(p, workp);
}
void Laplace_CH3D(float ***a, float ***lap_a, int Nxt, int Nyt,
            int Nzt) {
```

제 3 절 수치 실험

```
    int i, j, k;
    float ht, dadx_L, dadx_R, dady_B, dady_T, dadz_D, dadz_U;

    ht = (xright-xleft)/(float)Nxt;
    ijkloopt {
       if (i>1)
           dadx_L = (a[i][j][k] - a[i-1][j][k])/ht;
       else
           dadx_L = 0.0;
       if (i<Nxt)
           dadx_R = (a[i+1][j][k] - a[i][j][k])/ht;
       else
           dadx_R = 0.0;
       if (j>1)
           dady_B = (a[i][j][k] - a[i][j-1][k])/ht;
       else
           dady_B = 0.0;
       if (j<Nyt)
           dady_T = (a[i][j+1][k] - a[i][j][k])/ht;
       else
           dady_T = 0.0;
       if (k>1)
           dadz_D = (a[i][j][k] - a[i][j][k-1])/ht;
       else
           dadz_D = 0.0;
       if (k<Nzt)
           dadz_U = (a[i][j][k+1] - a[i][j][k])/ht;
       else
           dadz_U = 0.0;
       lap_a[i][j][k]=(dadx_R-dadx_L+dady_T-dady_B
                      +dadz_U-dadz_D)/ht;}
```

```c
}
float df(float c) {
    return pow(c,3);
}
float d2f(float c) {
    return 3.0*c*c;
}
void relax(float ***nc, float ***mu, float ***sc, float ***smu,
           int ilevel, int Nxt, int Nyt, int Nzt) {
    int i, j, k, iter;
    float ht2, a[4], f[2], det;

    ht2 = pow((xright-xleft)/(float)Nxt,2);
    for (iter=1; iter<=c_relax; iter++) {
        ijkloopt {
            a[0] = 1.0/dt;
            a[1] = 0.0;
            a[2] = -d2f(nc[i][j][k]);
            a[3] = 1.0;
            f[0] = sc[i][j][k];
            f[1] = smu[i][j][k] + df(nc[i][j][k])
                - d2f(nc[i][j][k])*nc[i][j][k];
            if (i>1) {
                a[1] += 1.0/(Pe*ht2);
                a[2] -= Cahn/ht2;
                f[0] += mu[i-1][j][k]/(Pe*ht2);
                f[1] -= Cahn*nc[i-1][j][k]/ht2;}
            if (i<Nxt) {
                a[1] += 1.0/(Pe*ht2);
                a[2] -= Cahn/ht2;
                f[0] += mu[i+1][j][k]/(Pe*ht2);
```

제 3 절 수치 실험

```
                    f[1] -= Cahn*nc[i+1][j][k]/ht2;}
                if (j>1) {
                    a[1] += 1.0/(Pe*ht2);
                    a[2] -= Cahn/ht2;
                    f[0] += mu[i][j-1][k]/(Pe*ht2);
                    f[1] -= Cahn*nc[i][j-1][k]/ht2;}
                if (j<Nyt) {
                    a[1] += 1.0/(Pe*ht2);
                    a[2] -= Cahn/ht2;
                    f[0] += mu[i][j+1][k]/(Pe*ht2);
                    f[1] -= Cahn*nc[i][j+1][k]/ht2;}
                if (k>1) {
                    a[1] += 1.0/(Pe*ht2);
                    a[2] -= Cahn/ht2;
                    f[0] += mu[i][j][k-1]/(Pe*ht2);
                    f[1] -= Cahn*nc[i][j][k-1]/ht2;}
                if (k<Nzt) {
                    a[1] += 1.0/(Pe*ht2);
                    a[2] -= Cahn/ht2;
                    f[0] += mu[i][j][k+1]/(Pe*ht2);
                    f[1] -= Cahn*nc[i][j][k+1]/ht2;}
                det = a[0]*a[3] - a[1]*a[2];
                nc[i][j][k] = (a[3]*f[0] - a[1]*f[1])/det;
                mu[i][j][k] = (-a[2]*f[0] + a[0]*f[1])/det;}
    }
}
void restrict3D2(float ***uf, float ***uc, float ***vf,
                 float ***vc, int Nxc, int Nyc, int Nzc) {
    int i, j, k;

    for (i=1; i<=Nxc; i++)
```

```c
            for (j=1; j<=Nyc; j++)
                for (k=1; k<=Nzc; k++) {
                    uc[i][j][k] = 0.125*(uf[2*i][2*j][2*k]
                    +uf[2*i-1][2*j][2*k]+uf[2*i][2*j-1][2*k]
                    +uf[2*i-1][2*j-1][2*k]+uf[2*i][2*j][2*k-1]
                    +uf[2*i-1][2*j][2*k-1]+uf[2*i][2*j-1][2*k-1]
                    +uf[2*i-1][2*j-1][2*k-1]);
                    vc[i][j][k] = 0.125*(vf[2*i][2*j][2*k]
                    +vf[2*i-1][2*j][2*k]+vf[2*i][2*j-1][2*k]
                    +vf[2*i-1][2*j-1][2*k]+vf[2*i][2*j][2*k-1]
                    +vf[2*i-1][2*j][2*k-1]+vf[2*i][2*j-1][2*k-1]
                    +vf[2*i-1][2*j-1][2*k-1]);}
}
void source(float ***oc, float ***adv_c, float ***src_c,
            float ***src_mu) {
    int i, j, k;
    float ***lap_t;

    lap_t = cube(1, Nx, 1, Ny, 1, Nz);
    Laplace_CH3D(oc, lap_t, Nx, Ny, Nz);
    ijkloop {
        src_c[i][j][k] = oc[i][j][k]/dt-adv_c[i][j][k]
                         -lap_t[i][j][k]/Pe;
        src_mu[i][j][k] = 0.0;}
    free_cube(lap_t, 1, Nx, 1, Ny, 1, Nz);
}
void nonL(float ***NSOc, float ***NSOmu, float ***nc,
          float ***mu, int Nxt, int Nyt, int Nzt) {
    int i, j, k;
    float ***lap_c, ***lap_mu;
```

제 3 절 수치 실험

```
    lap_mu = cube(1, Nxt, 1, Nyt, 1, Nzt);
    lap_c = cube(1, Nxt, 1, Nyt, 1, Nzt);
    Laplace_CH3D(nc, lap_c, Nxt, Nyt, Nzt);
    Laplace_CH3D(mu, lap_mu, Nxt, Nyt, Nzt);
    ijkloopt {
        NSOc[i][j][k] = nc[i][j][k]/dt - lap_mu[i][j][k]/Pe;
        NSOmu[i][j][k] = mu[i][j][k] - df(nc[i][j][k])
                    + Cahn*lap_c[i][j][k];}
    free_cube(lap_c, 1, Nxt, 1, Nyt, 1, Nzt);
    free_cube(lap_mu, 1, Nxt, 1, Nyt, 1, Nzt);
}
void cube_sub2(float ***a, float ***b, float ***c, float ***a2,
    float ***b2, float ***c2, int xl, int xr, int yl, int yr,
    int zl, int zr) {
    int i, j, k;

    for (i=xl; i<=xr; i++)
        for (j=yl; j<=yr; j++)
            for (k=zl; k<=zr; k++) {
                a[i][j][k]=b[i][j][k]-c[i][j][k];
                a2[i][j][k]=b2[i][j][k]-c2[i][j][k];}
}
void cube_add2(float ***a, float ***b, float ***c, float ***a2,
    float ***b2, float ***c2, int xl, int xr, int yl, int yr,
    int zl, int zr) {
    int i, j, k;

    for (i=xl; i<=xr; i++)
        for (j=yl; j<=yr; j++)
            for (k=zl; k<=zr; k++) {
                a[i][j][k]=b[i][j][k]+c[i][j][k];
```

```
                    a2[i][j][k]=b2[i][j][k]+c2[i][j][k];}
}
void source_coarse(float ***scc, float ***smuc, float ***nc,
           float ***mu, float ***scf, float ***smuf,
           int Nxf, int Nyf, int Nzf, float ***ncc,
           float ***muc, int Nxc, int Nyc, int Nzc) {

    float ***NSOc, ***NSOmu, ***NSOcc, ***NSOmuc,
        ***defc, ***defmu, ***defcc, ***defmuc;
    defcc = cube(1, Nxc, 1, Nyc, 1, Nzc);
    defmuc = cube(1, Nxc, 1, Nyc, 1, Nzc);
    defc = cube(1, Nxf, 1, Nyf, 1, Nzf);
    defmu = cube(1, Nxf, 1, Nyf, 1, Nzf);
    NSOc = cube(1, Nxf, 1, Nyf, 1, Nzf);
    NSOmu = cube(1, Nxf, 1, Nyf, 1, Nzf);
    NSOcc = cube(1, Nxc, 1, Nyc, 1, Nzc);
    NSOmuc = cube(1, Nxc, 1, Nyc, 1, Nzc);
    nonL(NSOc, NSOmu, nc, mu, Nxf, Nyf, Nzf);
    cube_sub2(defc, scf, NSOc, defmu, smuf, NSOmu,
           1, Nxf, 1, Nyf, 1, Nzf);
    restrict3D2(defc, defcc, defmu, defmuc, Nxc, Nyc, Nzc);
    nonL(NSOcc, NSOmuc, ncc, muc, Nxc, Nyc, Nzc);
    cube_add2(scc, defcc, NSOcc, smuc, defmuc, NSOmuc,
           1, Nxc, 1, Nyc, 1, Nzc);
    free_cube(defc, 1, Nxc, 1, Nyc, 1, Nzc);
    free_cube(defmu, 1, Nxc, 1, Nyc, 1, Nzc);
    free_cube(defcc, 1, Nxf, 1, Nyf, 1, Nzf);
    free_cube(defmuc, 1, Nxf, 1, Nyf, 1, Nzf);
    free_cube(NSOc, 1, Nxf, 1, Nyf, 1, Nzf);
    free_cube(NSOmu, 1, Nxf, 1, Nyf, 1, Nzf);
    free_cube(NSOcc, 1, Nxc, 1, Nyc, 1, Nzc);
```

제 3 절 수치 실험

```
        free_cube(NSOmuc, 1, Nxc, 1, Nyc, 1, Nzc);
}
void cube_copy2(float ***a, float ***b,
                float ***a2, float ***b2,
                int xl, int xr, int yl,
                int yr, int zl, int zr) {
    int i, j, k;

    for (i=xl; i<=xr; i++)
        for (j=yl; j<=yr; j++)
            for (k=zl; k<=zr; k++) {
                a[i][j][k]=b[i][j][k];
                a2[i][j][k]=b2[i][j][k];}
}
void prolong_ch(float ***uc, float ***uf, float ***vc,
                float ***vf, int Nxc, int Nyc, int Nzc) {
    int i, j, k;

    for (i=1; i<=Nxc; i++)
        for (j=1; j<=Nyc; j++)
            for (k=1; k<=Nzc; k++) {
                uf[2*i][2*j][2*k] = uc[i][j][k];
                uf[2*i-1][2*j][2*k] = uc[i][j][k];
                uf[2*i][2*j-1][2*k] = uc[i][j][k];
                uf[2*i-1][2*j-1][2*k] = uc[i][j][k];
                uf[2*i][2*j][2*k-1] = uc[i][j][k];
                uf[2*i-1][2*j][2*k-1]  = uc[i][j][k];
                uf[2*i][2*j-1][2*k-1] = uc[i][j][k];
                uf[2*i-1][2*j-1][2*k-1] = uc[i][j][k];
                vf[2*i][2*j][2*k] = vc[i][j][k];
                vf[2*i-1][2*j][2*k] = vc[i][j][k];
```

```
                vf[2*i][2*j-1][2*k] = vc[i][j][k];
                vf[2*i-1][2*j-1][2*k] = vc[i][j][k];
                vf[2*i][2*j][2*k-1] = vc[i][j][k];
                vf[2*i-1][2*j][2*k-1] = vc[i][j][k];
                vf[2*i][2*j-1][2*k-1] = vc[i][j][k];
                vf[2*i-1][2*j-1][2*k-1] = vc[i][j][k];}
}
void vcycle_CH(float ***nc, float ***mu, float ***sc,
               float ***smu, int Nxf, int Nyf,
               int Nzf, int ilevel) {

    relax(nc, mu, sc, smu, ilevel, Nxf, Nyf, Nzf);
    if (ilevel < n_level) {
        int Nxc, Nyc, Nzc;
        float ***ncc, ***muc, ***scc, ***smuc, ***cc_def,
              ***muc_def, ***c_def, ***mu_def;
        Nxc = Nxf / 2; Nyc = Nyf / 2; Nzc = Nzf / 2;
        ncc = cube(1, Nxc, 1, Nyc, 1, Nzc);
        muc = cube(1, Nxc, 1, Nyc, 1, Nzc);
        scc = cube(1, Nxc, 1, Nyc, 1, Nzc);
        smuc = cube(1, Nxc, 1, Nyc, 1, Nzc);
        cc_def = cube(1, Nxc, 1, Nyc, 1, Nzc);
        muc_def = cube(1, Nxc, 1, Nyc, 1, Nzc);
        c_def = cube(1, Nxf, 1, Nyf, 1, Nzf);
        mu_def = cube(1, Nxf, 1, Nyf, 1, Nzf);
        restrict3D2(nc, ncc, mu, muc, Nxc, Nyc, Nzc);
        source_coarse(scc, smuc, nc, mu, sc, smu, Nxf, Nyf, Nzf,
                ncc, muc, Nxc, Nyc, Nzc);
        cube_copy2(cc_def, ncc, muc_def, muc, 1, Nxc, 1, Nyc,
            1, Nzc);
        vcycle_CH(cc_def, muc_def, scc, smuc, Nxc, Nyc, Nzc,
```

제 3 절 수치 실험

```
                    ilevel + 1);
            cube_sub2(cc_def, cc_def, ncc, muc_def, muc_def, muc,
                    1, Nxc, 1, Nyc, 1, Nzc);
            prolong_ch(cc_def, c_def, muc_def,
                    mu_def, Nxc, Nyc, Nzc);
            cube_add2(nc, nc, c_def, mu, mu, mu_def,
                    1, Nxf, 1, Nyf, 1, Nzf);
            relax(nc, mu, sc, smu, ilevel, Nxf, Nyf, Nzf);
            free_cube(ncc, 1, Nxc, 1, Nyc, 1, Nzc);
            free_cube(muc, 1, Nxc, 1, Nyc, 1, Nzc);
            free_cube(scc, 1, Nxc, 1, Nyc, 1, Nzc);
            free_cube(smuc, 1, Nxc, 1, Nyc, 1, Nzc);
            free_cube(cc_def, 1, Nxc, 1, Nyc, 1, Nzc);
            free_cube(muc_def, 1, Nxc, 1, Nyc, 1, Nzc);
            free_cube(c_def, 1, Nxf, 1, Nyf, 1, Nzf);
            free_cube(mu_def, 1, Nxf, 1, Nyf, 1, Nzf);}
}
float error(float ***oc, float ***nc, int Nxt,
            int Nyt, int Nzt) {
    float ***r,res;

    r = cube(1, Nxt, 1, Nyt, 1, Nzt);
    cube_sub(r, nc, oc, 1, Nxt, 1, Nyt, 1, Nzt);
    res = norm3D(r, 1, Nxt, 1, Nyt, 1, Nzt);
    free_cube(r, 1, Nxt, 1, Nyt, 1, Nzt);
    return res;
}
void CHeq(float ***oc, float ***adv_c, float ***nc) {
    int it_Mg = 1,max_it_CH = 50;
    float resid = 1.0,tol = 1.0e-5;
```

```
        cube_copy(ct, oc, 1, Nx, 1, Ny, 1, Nz);
        source(oc, adv_c, sc, smu);
        while (it_Mg <= max_it_CH && resid > tol) {
            vcycle_CH(nc, mu, sc, smu, Nx, Ny, Nz, 1);
            resid = error(ct, nc, Nx, Ny, Nz);
            cube_copy(ct, nc, 1, Nx, 1, Ny, 1, Nz); it_Mg++;}
        printf("error %12.10f %d\n",resid, it_Mg-1);
}
void full_step(float ***u, float ***v, float ***w,
               float ***c, float ***nu, float ***nv,
               float ***nw, float ***nc, float ***p) {
    int i, j, k;

    SF_force(c, fx, fy, fz);
    advection_step(u, v, w, c, adv_u, adv_v, adv_w, adv_c);
    temp_uvw(tu, tv, tw, u, v, w, adv_u,
             adv_v, adv_w, fx, fy, fz);
    Poisson(tu, tv, tw, p);
    grad_p(p, worku, workv, workw, Nx, Ny, Nz);
    i0jkloop {
        nu[i][j][k] = tu[i][j][k] - dt*worku[i][j][k];}
    ij0kloop {
        nv[i][j][k] = tv[i][j][k] - dt*workv[i][j][k];}
    ijk0loop {
        nw[i][j][k] = tw[i][j][k] - dt*workw[i][j][k];}
    CHeq(c,adv_c, nc);
}
void print_cube(FILE *fptr, float ***a, int nrl, int nrh,
                int ncl, int nch, int ndl, int ndh) {
    int i, j, k;
```

제 3 절 수치 실험

```
        for(k = ndl; k <= ndh; k++) {
            for(j = ncl; j <= nch; j++) {
                for(i = nrl; i <= nrh; i++) {
                    fprintf(fptr," %f \n", a[i][j][k]);}}}
}
void print_data(float ***phi, float ***u, float ***v,
                float ***w, float ***p, int kk) {
    char buf[200], bufu[200], bufv[200], bufw[200], bufp[200];
    FILE *fc, *fu, *fv, *fw, *fp;

    sprintf(buf,"phi%d.m",kk);
    sprintf(bufu,"u%d.m",kk);
    sprintf(bufv,"v%d.m",kk);
    sprintf(bufw,"w%d.m",kk);
    sprintf(bufp,"p%d.m",kk);
    fc = fopen(buf,"w");
    fu = fopen(bufu,"w");
    fv = fopen(bufv,"w");
    fw = fopen(bufw,"w");
    fp = fopen(bufp,"w");
    print_cube(fc,phi, 1, Nx, 1, Ny, 1, Nz);
    print_cube(fu,u, 0, Nx, 1, Ny, 1, Nz);
    print_cube(fv,v, 1, Nx, 0, Ny, 1, Nz);
    print_cube(fw,w, 1, Nx, 1, Ny, 0, Nz);
    print_cube(fp,p, 1, Nx, 1, Ny, 1, Nz);
    fclose(fc);
    fclose(fu);
    fclose(fv);
    fclose(fw);
    fclose(fp);
}
```

제 8 장 3차원 나비어–스톡스–칸–힐리아드 방정식
(NAVIER–STOKES–CAHN–HILLIARD EQUATION)

```c
int main() {
    extern int Nx, Ny, Nz, p_relax, c_relax, n_level;
    extern float ***fx, ***fy, ***fz, ***adv_u, ***adv_v,
        ***adv_w, ***adv_c, ***tu, ***tv, ***tw, ***workp,
        ***worku, ***workv, ***workw, ***ct, ***mu, ***sc,
        ***smu, pi, xleft, xright, yleft, yright, zleft, zright,
        h, h2, gam, Cahn, Re, We, Pe, dt, top_vel;
    int it,max_it, ns, count = 1, vel_ns, final_it;
    float ***u, ***v, ***w, ***nu, ***nv, ***nw, ***p, ***oc,
          ***nc,vel_resid;
    FILE *fphi, *ddd;
    
    p_relax = 5; c_relax = 5; Nx = GNx; Ny = GNy; Nz = GNz;
    n_level = (int)(log(Nz)/log(2.0)+0.1)-1; pi = 4.0*atan(1.0);
    xleft = 0.0, xright = 1.0;
    yleft = 0.0, yright = 1.0*GNy/GNx*xright;
    zleft = 0.0, zright = 1.0*GNz/GNx*xright;
    max_it = 3000; ns = max_it/10; vel_ns = 100;
    h = (xright-xleft)/(float)Nx; h2 = pow(h,2);
    gam=4.0*h/(2.0*sqrt(2)*atanh(0.9)); Cahn = pow(gam,2);
    Re = 10.0;
    We = 20.0;
    Pe = 200.0;
    dt = 0.1*h2*Re;
    top_vel = 1.0;
    fx = cube(0, Nx, 1, Ny, 1, Nz);
    fy = cube(1, Nx, 0, Ny, 1, Nz);
    fz = cube(1, Nx, 1, Ny, 0, Nz);
    adv_u = cube(0, Nx, 1, Ny, 1, Nz);
    adv_v = cube(1, Nx, 0, Ny, 1, Nz);
    adv_w = cube(1, Nx, 1, Ny, 0, Nz);
```

제 3 절 수치 실험

```
adv_c = cube(1, Nx, 1, Ny, 1, Nz);
tu = cube(-1, Nx+1, 0, Ny+1, 0, Nz+1);
tv = cube(0, Nx+1,-1, Ny+1, 0, Nz+1);
tw = cube(0, Nx+1, 0, Ny+1,-1, Nz+1);
workp = cube(0, Nx+1, 0, Ny+1, 0, Nz+1);
worku = cube(0, Nx+1, 0, Ny+1, 0, Nz+1);
workv = cube(0, Nx+1, 0, Ny+1, 0, Nz+1);
workw = cube(0, Nx+1, 0, Ny+1, 0, Nz+1);
ct = cube(1, Nx, 1, Ny, 1, Nz);
mu = cube(1, Nx, 1, Ny, 1, Nz);
sc = cube(1, Nx, 1, Ny, 1, Nz);
smu = cube(1, Nx, 1, Ny, 1, Nz);
u = cube(-1, Nx+1, 0, Ny+1, 0, Nz+1);
v = cube(0, Nx+1,-1, Ny+1, 0, Nz+1);
w = cube(0, Nx+1, 0, Ny+1,-1, Nz+1);
nu = cube(-1, Nx+1, 0, Ny+1, 0, Nz+1);
nv = cube(0, Nx+1,-1, Ny+1, 0, Nz+1);
nw = cube(0, Nx+1, 0, Ny+1,-1, Nz+1);
p = cube(1, Nx, 1, Ny, 1, Nz);
oc = cube(0, Nx+1, 0, Ny+1, 0, Nz+1);
nc = cube(0, Nx+1, 0, Ny+1, 0, Nz+1);
zero_cube(mu, 1, Nx, 1, Ny, 1, Nz);
initialization(u, v, w, p, oc);
cube_copy(nu, u, 0, Nx, 1, Ny, 1, Nz);
cube_copy(nv, v, 1, Nx, 0, Ny, 1, Nz);
cube_copy(nw, w, 1, Nx, 1, Ny, 0, Nz);
cube_copy(nc, oc, 1, Nx, 1, Ny, 1, Nz);
print_data(nc, nu, nv, nw, p, count); count++;
for (it=1; it<=max_it; it++) {
    full_step(u, v, w, oc, nu, nv, nw, nc,p);
    if (it % ns==0) {
```

```
            print_data(nc, nu, nv, nw, p, count); count++;
            printf("print out counts %d\n",count);}
        if (it % vel_ns==0) {
            cube_sub(fx, nu, u, 0, Nx, 1, Ny, 1, Nz);
            cube_sub(fy, nv, v, 1, Nx, 0, Ny, 1, Nz);
            cube_sub(fz, nw, w, 1, Nx, 1, Ny, 0, Nz);
            vel_resid = norm3D(fx, 0, Nx, 1, Ny, 1, Nz)
                +norm3D(fy, 1, Nx, 0, Ny, 1, Nz)
                +norm3D(fz, 1, Nx, 1, Ny, 0, Nz);
            printf("vel_resid = %16.14f\n",vel_resid);
            if (vel_resid < 1.0e-4) {
                final_it = it; it = max_it; count++;
                print_data(nc, nu, nv, nw,p,count);
                printf("print out counts %d\n",count);}}
        cube_copy(u, nu, 0, Nx, 1, Ny, 1, Nz);
        cube_copy(v, nv, 1, Nx, 0, Ny, 1, Nz);
        cube_copy(w, nw, 1, Nx, 1, Ny, 0, Nz);
        cube_copy(oc, nc, 1, Nx, 1, Ny, 1, Nz);
        printf("it = %d\n", it);}
    printf("Nx = %d, Ny = %d, Nz = %d\n", Nx, Ny, Nz);
    printf("dt = %f\n", dt);
    printf("max_it = %d\n",max_it);
    printf("ns = %d\n", ns);
    printf("n_level = %d\n\n", n_level);
    printf("Re = %f,We = %f\n",Re,We);
    return 0;
}
```

[8.3 그림]은 다음 코드의 결과로부터 얻을 수 있습니다.

```
clear; clc; clf; nx=32; ny=nx; nz=nx; h=1/nx;
```

제 3 절 수치 실험

```
x=linspace(0.5*h,1-0.5*h,nx); y=linspace(0.5*h,1-0.5*h,ny);
z=linspace(0.5*h,1-0.5*h,nz); [xx,yy,zz]=meshgrid(x,y,z);

for mm=[1 3 7 11]
ss=sprintf('phi%d.m',mm); A=load(ss);
ss=sprintf('u%d.m',mm); UU=load(ss);
ss=sprintf('v%d.m',mm); VV=load(ss);
ss=sprintf('w%d.m',mm); WW=load(ss);
for k=1:nz
    for j=1:ny
        for i=1:nx
S(j,i,k)=A(nx*ny*(k-1)+nx*(j-1)+i);
U(j,i,k)=0.5*(UU((nx+1)*ny*(k-1)+(nx+1)*(j-1)+i)...
            +UU((nx+1)*ny*(k-1)+(nx+1)*(j-1)+i+1));
V(j,i,k)=0.5*(VV(nx*(ny+1)*(k-1)+nx*(j-1)+i)...
            +VV(nx*(ny+1)*(k-1)+nx*j+i));
W(j,i,k)=0.5*(WW(nx*ny*(k-1)+nx*(j-1)+i)...
            +WW(nx*ny*k+nx*(j-1)+i));
if rand() < 0.1
    U(j,i,k)=0.0;
    V(j,i,k)=0.0;
    W(j,i,k)=0.0;
end
        end
    end
end
figure(1); clf; hold on
line([-2 2],[0 0],[1 1],'color','k')
line([1 1],[-2 2],[1 1],'color','k')
line([1 1],[0 0],[-2 2],'color','k')
p=patch(isosurface(xx,yy,zz,S,0.0));
```

```
set(p,'FaceColor','yellow','EdgeColor','none');
daspect([1 1 1]); view(34,24);
camlight; lighting phong; alpha(0.5);
axis image; axis([0 1 0 1 0 1]); box on; hold on;
set(gca,'XTick',zeros(1,0)); set(gca,'YTick',zeros(1,0));
set(gca,'ZTick',zeros(1,0)); k=2; s=0.2;
quiver3(xx(1:k:end,1:k:end,1:k:end),...
    yy(1:k:end,1:k:end,1:k:end),...
    zz(1:k:end,1:k:end,1:k:end),s*U(1:k:end,1:k:end,1:k:end),...
    s*V(1:k:end,1:k:end,1:k:end),s*W(1:k:end,1:k:end,1:k:end),0);
pause(0.3)
end
```

찾아보기

칸-힐리아드 방정식
    2차원 칸-힐리아드 방정식, 115
    3 차원 칸-힐리아드 방정식, 141
나비어-스톡스 방정식
    2차원 나비어-스톡스 방정식, 57
    3 차원 나비어-스톡스 방정식, 85
나비어-스톡스-칸-힐리아드 방정식
    3 차원 나비어-스톡스-칸-힐리아드 방정식, 203

Allen–Cahn equation, 36
    Multigrid method CODE, 41
Assignment operators, 20

Cahn–Hilliard equation
    three-dimensional Cahn–Hilliard equation, 141
    two-dimensional Cahn–Hilliard equation, 115
Coarse grid, 22

Fine grid, 21

Gauss–Seidel method, 12

Heat equation, 10

Gauss–Seidel method, 12
Gauss–Seidel method CODE, 14
Multigrid method CODE, 25
Helmholtz–Hodge decomposition, 58
Helmholtz–Hodge 분해, 58

lid-driven cavity flow, 68

Multigrid method, 9
    Linear multigrid method, 9
        V-Cycle algorithm, 21
    Nonlinear full approximation storage(FAS) multigrid method, 37
    Nonlinear multigrid method, 36
        FAS-Cycle algorithm, 37
Multigrid step
    correction, 24, 39
    defect, 24, 38
    FAScycle, 37
        Schematic, 40
    MGcycle, 23
        Schematic, 25
    restriction, 24, 38
    SMOOTH, 23, 37

Navier–Stokes equation, 51
    Change of mass ρ, 52
    Change of momentum, 53
    derivation, 51
    Incompressible fluid, 56
    Non-dimensionalization, 55, 56
    Normal stress, 53
    Shear stress, 53
    Taylor expansion, 52
    three-dimensional Navier–Stokes equation, 85
    two-dimensional Navier–Stokes equation, 57
Navier–Stokes–Cahn–Hilliard equation
    three-dimensional Navier–Stokes–Cahn–Hilliard equation, 203
    two-dimensional Navier–Stokes–Cahn–Hilliard equation, 165
non-linearly stabilized splitting scheme, 36
Numerical Differentiation
    backward difference method, 11
    centered difference method, 11
    forward difference method, 10

Random value(Generate), 40
recursive function, 35

Taylor's theorem, 10
transition layer ϵ_m, 40
    Schematic, 41

가우스– 세이델 방법, 12
계면 영역 ϵ_m, 40
    도식화, 41

나비어– 스톡스 방정식, 51
    무차원화, 55, 56
    비압축성 유체, 56
    운동량의 변화율, 53
    유도과정, 51
    인장 응력, 53
    전단 응력, 53
    질량 ρ의 변화율, 52
나비어– 스톡스– 칸–힐리아드 방정식
    2차원 나비어–스톡스– 칸– 힐리아드 방정식, 165
나비어–스톡스 방정식
    테일러 전개, 52
난수 생성, 40
덮개– 구동 캐비티 유동, 68
멀티그리드 단계
    correction, 24, 39
    FAScycle, 37
        도식화, 40
    MGcycle, 23
        도식화, 25
    restriction, 24, 38
    SMOOTH, 23, 37
    결손, 24, 38
멀티그리드 방법, 9
    비선형 FAS 멀티그리드 방법, 37
    비선형 멀티그리드 방법, 36
        FAS- 사이클 알고리즘, 37
    선형 멀티그리드 방법, 9
        V- 사이클 알고리즘, 21

찾아보기

복합 할당연산자, 20
비선형 안정화 분할 방식, 36

성긴 격자, 22

알렌- 칸 방정식, 36
알렌-칸 방정식
    멀티그리드 방법 코드, 41

열 방정식, 10
    가우스- 세이델 방법, 12
    가우스- 세이델 방법 코드, 14
    멀티그리드 방법 코드, 25

재귀함수, 35

조밀 격자, 21

차분법
    전방 차분법, 10
    중앙 차분법, 11
    후방 차분법, 11

테일러 정리, 10

참고 문헌

[1] S.M. Allen, J.W. Cahn, A microscopic theory for antiphase boundary motion and its application to antiphase domain coarsening, Acta Metall. 27 (6) (1979) 1085–1095.

[2] V.E. Badalassi, H.D. Ceniceros, S. Banerjee, Computation of multiphase systems with phase field models, J. Comput. Phys. 190 (2) (2003) 371–397.

[3] V. Barbu, Partial differential equations and boundary value problems, Kluwer, Dordrecht, 1998.

[4] J.B. Bell, P. Colella, H.M. Glaz, A second-order projection method for the incompressible Navier–Stokes equations, J. Comput. Phys. 85 (2) (1989) 257–283.

[5] J.U. Brackbill, D.B. Kothe, C. Zemach, A continuum method for modeling surface tension, J. Comput. Phys. 100 (2) (1992) 335–354.

[6] W.L. Briggs, S.F. McCormick, A multigrid tutorial, SIAM, Philadelphia, 2000.

[7] J.W. Choi, H.G. Lee, D. Jeong, J. Kim, An unconditionally gradient stable numerical method for solving the Allen–Cahn equation, Physica A 388 (9) (2009) 1791–1803.

[8] A.J. Chorin, A numerical method for solving incompressible viscous flow problems, J. Comput. Phys. 2 (1) (1967) 12–26.

[9] A.J. Chorin, J.E. Marsden, J.E. Marsden, A mathematical introduction to fluid mechanics, Springer, New York, 1990.

[10] M.O. Deville, P.F. Fischer, E.H. Mund, High Order Methods for Incompressible Fluid Flow. Cambridge University Press, Cambridge, 2002.

[11] J.A. Escobar-Vargas, P.J. Diamessis, C.F. Van Loan, The numerical solution of the pressure Poisson equation for the incompressible Navier–Stokes equations using a quadrilateral spectral multidomain penalty method. J. Comp. Phys. (2011) (submitted).

[12] D.J. Eyre, An unconditionally stable one-step scheme for gradient systems, www.math.utah.edu/~eyre/research/methods/stable.ps (1998) Accessed 03 Feb 2015.

[13] D.J. Eyre, Computational and mathematical models of microstructural evolution. The Material Research Society, Warrendale, 1998.

[14] M. Griebel, T. Dornseifer, T. Neunhoeffer, Numerical simulation in fluid dynamics: a practical introduction. SIAM, Philadelphia, 1997.

[15] F.H. Harlow, J.E. Welch, Numerical calculation of time-dependent viscous incompressible flow of fluid with free surface. Phys. Fluids 8 (12) (1965) 2182–2189.

[16] G.E. Karniadakis, M. Israeli, S.A. Orszag, High-order splitting methods for the incompressible Navier–Stokes equations, J. Comput. Phys. 97 (2) (1991) 414–443.

[17] J. Kim, A continuous surface tension force formulation for diffuse-interface models, J. Comput. Phys. 204 (2) (2005) 784–804.

[18] J. Kim, A numerical method for the Cahn–Hilliard equation with a variable mobility, Commun. Nonlinear Sci. 12 (8) (2007) 1560–1571.

[19] J. Kim, Phase field computations for ternary fluid flows, Comput. Meth. Appl. Mech. Eng. 196 (45) (2007) 4779–4788.

참고 문헌

[20] J. Kim, A generalized continuous surface tension force formulation for phase-field models for immiscible multi-component fluid flows, Comput. Meth. Appl. Mech. Eng. 198 (37) (2009) 3105–3112.

[21] J. Kim, Phase-field models for multi-component fluid fows, Commun. Comput. Phys. 12 (3) (2012) 613–661.

[22] J. Kim, H.O. Bae, An unconditionally gradient stable adaptive mesh refinement for the Cahn–Hilliard equation, J. Korean Phys. Soc. 53 (2) (2008) 672–679.

[23] J. Kim, J. Lowengrub, Phase field modeling and simulation of three-phase flows, Int. Free Bound, 7 (4) (2005) 435–466.

[24] C. Lee, D. Jeong, J. Shin, Y. Li, J. Kim, A fourth-order spatial accurate and practically stable compact scheme for the Cahn–Hilliard equation, Physica A 409 (2014) 17–28.

[25] H.G. Lee, J. Kim, Accurate contact angle boundary conditions for the Cahn–Hilliard equations, Comput. Fluid. 44 (1) (2011) 178–186.

[26] H.G. Lee, J. Kim, Regularized Dirac delta functions for phase field models, Int. J. Numer. Meth. Engng. 91 (3) (2012) 269–288.

[27] H.G. Lee, K. Kim, J. Kim, On the long time simulation of the Rayleigh-Taylor instability, Int. J. Numer. Meth. Eng. 85 (13), (2011) 1633–1647.

[28] J. Li, Y. Renardy, Numerical study of flows of two immiscible liquids at low Reynolds number, SIAM Rev. 42 (3) (2000) 417–439.

[29] Y. Li, D. Jeong, J. Shin, J. Kim, A conservative numerical method for the Cahn–Hilliard equation with Dirichlet boundary conditions in complex domains, Comput. Math. Appl. 65 (1) (2013) 102–115.

[30] G. Markham, M.V. Proctor, Modifications to the two-dimensional incompressible fluid flow code ZUNI to provide enhanced performance, CEGB Report TPRD/L/0063/M82, 1983.

[31] A.F. Mills, Basic heat and mass transfer, Prentice Hall, New Jersey, 1999.

[32] R. Peyret, T.D. Taylor, Computational Methods for Fluid Flow, Springer-Verlag, New York, 1985.

[33] P.J. Roache, Computational fluid dynamics, Hermosa publishers, Albuquerque, 1972.

[34] J. Shin, D. Jeong, J. Kim, A conservative numerical method for the Cahn–Hilliard equation in complex domains, J. Comput. Phy. 230 (19) (2011) 7441–7455.

[35] J. Shin, S. Kim, D. Lee, J. Kim, A parallel multigrid method of the Cahn–Hilliard equation, Comput. Mater. Sci. 71 (2013) 89–96.

[36] J. Shin, Y. Choi, J. Kim, An unconditionally stable numerical method for the viscous Cahn–Hilliard equation, Discrete Cont. Dyn.-B 19 (6) (2014) 1737–1747.

[37] A.J. Smits, A physical introduction to fluid mechanics, John Wiley, 2000.

[38] U. Trottenberg, C.W. Oosterlee, A. Schüller, Multigrid, Academic press, London, 2000.

[39] H.K. Versteeg, W. Malalasekera, An introduction to computational fluid dynamics: the finite volume method, Pearson Education, 2007.

[40] J.E. Welch, F.H. Harlow, J.P. Shannon, B.J. Daly, The MAC (Marker-and-Cell) Method - A computing technique for solving viscous, incompressible, transient fluid-flow problems involving free surfaces, Los Alamos Scientific Laboratory Report LA-3425. University of California, Los Alamos, 1966.

[41] S. Wise, J. Kim, J. Lowengrub, Solving the regularized, strongly anisotropic Cahn–Hilliard equation by an adaptive nonlinear multigrid method, J. Comput. Phys. 226 (1) (2007) 414–446.